乡村振兴
RURAL REVITALIZATION
“三农”培训精品教材

果树栽培与绿色防控技术

刘兴松　张培培　李　俊　主编

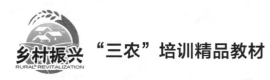

中国农业科学技术出版社

图书在版编目（CIP）数据

果树栽培与绿色防控技术 / 刘兴松，张培培，李俊主编．--北京：中国农业科学技术出版社，2023.2（2023.5重印）
ISBN 978-7-5116-6208-8

Ⅰ．①果…　Ⅱ．①刘…②张…③李…　Ⅲ．①果树园艺②果树-病虫害防治　Ⅳ．①S66②S436.6

中国国家版本馆 CIP 数据核字（2023）第 038828 号

责任编辑　姚　欢
责任校对　马广洋
责任印制　姜义伟　王思文

出 版 者　中国农业科学技术出版社
北京市中关村南大街 12 号　　邮编：100081
电　　话　（010）82106631（编辑室）　（010）82109702（发行部）
（010）82109709（读者服务部）
网　　址　https://castp.caas.cn
经 销 者　各地新华书店
印 刷 者　北京捷迅佳彩印刷有限公司
开　　本　140 mm×203 mm　1/32
印　　张　5.125
字　　数　125 千字
版　　次　2023 年 2 月第 1 版　2023 年 5 月第 2 次印刷
定　　价　33.80 元

《果树栽培与绿色防控技术》

编 委 会

主　编： 刘兴松　张培培　李　俊

副主编： 彭　程　许　明　梁录瑞　陈　旭

周春丽　陆　宇　赵　凯　杨露露

侯　隽　李　强　郭　璞　郝蕊平

宋喜芳　贺　喻　张燕平　李　磊

前　言

果树主要指能够生产供人们食用的果实、种子及其衍生物（砧木）的植物。我国作为一个传统的农业大国，果树栽培具有悠久的历史。随着近年来科技和经济的不断发展，人们的生活水平逐渐上升。水果作为一种能够提供多种营养物质的食品，不论在质量还是在数量上的需求都不断增加。面对水果市场不断扩大的趋势，种植业也变得更加多样化、规模化和科技化。为此，果业的发展，需要不断提升栽培技术，做好绿色防控工作。

本书在总结全国各地果树生产实践经验的基础上，结合果树栽培与病虫害防控现状，以苹果、梨、桃、杏、柑橘、猕猴桃、樱桃、葡萄、板栗、枣、芒果、荔枝、龙眼、枇杷、菠萝、柿16种常见果树为对象，分别从栽植技术、主要管理技术和病虫害绿色防控技术3个方面进行了详细介绍。本书具有语言通俗、结构清晰、技术实用等特点，非常适合于广大果农、果树种植专业人员、农技生产与推广人员阅读使用。

由于时间仓促，水平有限，书中难免存在不足之处，欢迎广大读者批评指正！

编　者

2022年10月

目　录

第一章　苹果栽培与绿色防控技术

第一节　栽植技术

一、栽前准备

(一) 肥料准备

为了改良土壤，应将大量优质有机肥运到果园，可按每株100~200千克，每亩* 5~10吨的数量，分别堆放。

(二) 苗木准备

苗木栽前再进行一次检查，剔除弱苗、病苗、杂苗、受冻苗、风干苗，剪除根蘖、断伤的枝、枯桩等，并喷一次5波美度石硫合剂消毒。对远处运来稍有失水的苗木，应放在流动的清水里浸4~24小时再栽。

(三) 标行定点

栽植前，根据规划的栽植方式和株行距进行测量，标定树行和栽植点，按点栽植。平地果园，应按区测量，先在小区内按方形四角定4个基点及1个闭合的基线，以此基线为准测定闭合在线内外的各个栽植点。山地和地形较复杂的坡地，按等高线测量，先顺坡自上而下接一条基准线，以行距在基准上的标准点，

---

* 1亩≈667米^2，全书同。

用水平仪逐点向左右测出等高线，坡陡处减行，坡缓处可加行，等高线上按株距标定栽植点。

（四）栽植穴（沟）准备

栽植穴通常直径和深度都为80~100厘米。果园土壤条件越差，栽植穴的大小、质量要求应越高。密植建园多顺栽植行，挖深、宽各1米左右的栽植沟，对果树生长的效果比穴栽好，特别是有利于排水。平地挖穴常有积涝，效果不及挖沟者。无论挖穴或挖沟，都应将表土与心土分开堆放，有机肥与表土混合后再植树。

栽植穴挖后，培穴、培沟时，可刨穴四周或沟两侧的土，使优质肥沃土集中于穴内并把穴（沟）的陡壁变成缓坡外延，以利根系扩展；尽量把耕作层的土回填到根际周围，并结合施入的有机肥，最好重点改良20~40厘米幼树根系集中分布的土层，太深难以发挥肥效。

二、栽植时间

秋季落叶以后到春季萌芽以前栽植均可，实际生产上以春栽为主。

（一）早秋栽

北方果区，秋季多雨，在9月中旬至10月上旬栽植。抢墒带叶栽植是西北黄土高原果区的一条成功经验，由于栽时墒情好，根系恢复快，栽植成活率高，翌年基本不缓苗，生长较旺。采用这种栽法必须就地育苗，就近栽植，多带土、不摘叶，趁雨前，随挖随栽，成活率更高。

（二）秋栽

土壤结冰前栽植，栽后根系得到一定的恢复，翌春发芽早、新梢生长旺，成活率高。在冬季干冷地区，要灌透水，后按倒苗干，埋土越冬，比较安全。否则，不如春栽。

（三）春栽

春季土壤解冻后，树苗发芽前栽，虽然发芽晚，缓苗期长，但可减少秋栽的越冬伤害，保存率及成活率高。

三、栽植方法

（一）栽植密度

苹果的栽植密度受品种砧木类型、树形、土壤、地势、气候条件和管理水平等因素的制约。栽植密度是影响果品质量的重要因素之一。苹果合理的栽植密度既要保证充分地利用土地资源，又要保证树体充分采光。在单位面积栽植株数一定的情况下，行距对光照的影响比株距大得多，生产上一般采用宽行密植，行距不少于3~4米，树体成型后，行间应有1米的直射光。随着生产的发展，市场对果品质量要求越来越高，苹果栽植密度也呈越来越小的趋势。

（二）栽植技术

将苗木放进挖好的栽植坑之前，先将混好肥料的表土，填一半进坑内，堆成丘状，取计划栽植品种苗木放入坑内，使根系均匀舒展地分布于表土与肥料混堆的丘上，同时校正栽植的位置，使株行之间尽可能整齐对正，并使苗木主干保持垂直。然后，将另一半混肥的表土分层填入坑中，每填一层都要压实，并不时将苗木轻轻上下提动，使根系与土壤密接，再后将心土填入坑内上层。在进行深耕并施用有机肥改土的果园，最后培土应高于原地面5~10厘米，且根茎应高于培土面5厘米，以保证松土踏实下陷后，根茎仍高于地面。最后在苗木树盘四周筑一环形土埂，并立即灌水。

第二节　主要管理技术

一、土肥水管理

（一）土壤管理

苹果园土壤管理的方法主要有清耕法、生草法、覆盖法和化学除草。

清耕法即在苹果园内除苹果树外不种植任何作物，多在秋季深翻，生长季多次全面中耕，保持土地表面疏松和无杂草生长。生草法是在苹果园除树盘外，在行间和株间种植矮生豆科等草种（如早熟禾、黑麦草、白三叶、紫花苜蓿、黑豆、绿豆等）的土壤管理方法。覆盖法是利用各种材料，如作物秸秆、树叶、杂草、薄膜、石子等对树盘、株间甚至整个行间进行覆盖的方法。化学除草就是在果园内不除草、不耕作，只用除草剂防控杂草，秋后进行一次深翻。

（二）施肥管理

1. 施肥时间

基肥（包括有机肥料、部分氮磷钾速效肥料和硅钙钾镁肥等中微量元素肥料）以秋施为宜（落叶前 1 个月）。土壤追速效肥料时期包括萌芽前（3 月中旬）、新梢旺长和幼果膨大期（6 月中旬）、果实膨大期（7 月下旬至 8 月中旬）和果实采收后（9 月中旬至 10 月中下旬，结合基肥施入），具体施用时期和施用量根据树势确定。

2. 施肥方式

施肥方式包括基肥和追肥，基肥以有机肥为主，追肥以速效性化学肥料为主；追肥包括土壤追肥和根外追肥。

（三）水分管理

在苹果萌芽期、幼果期（花后20天左右）、果实膨大期（7月中旬至8月下旬）、采收前及土壤封冻前进行灌水。采收前的灌水要适量，封冻前的灌水要透彻。灌溉方法主要有小沟交替灌溉、滴灌或微喷灌、水肥一体化等。有通畅的排水系统，确保汛期和地下水位过高的园地排水及时。

二、整形修剪

（一）适宜树形

目前我国苹果栽培生产中采用的树形较多，无论哪种树形均能丰产增收。各地在选择适宜树形时，应根据所选苗木的砧穗组合，当地的气候条件、土壤条件、技术管理水平等因素，做到充分考虑，选用相应的树形和整形方法。例如，矮砧密植园树冠小，宜选用狭长、紧凑的树形，如圆柱形、细长纺锤形；乔砧密植园易形成中冠形，适宜小冠疏层形、小冠开心形、自由纺锤形；乔砧稀植园树冠大，宜采用少主枝、多级次、骨干枝牢固的基部三主枝自然半圆形、主干疏层形、自然半圆形。这样才能选形得当，才能合理利用光能和土地，充分发挥其生产潜力，取得较好的经济效益。

（二）不同时期的整形修剪方法

1. 幼树期的整形修剪

指从苗木栽植到第一次开花结果的这一段时期。该时期的修剪目的是促进树势健壮，轻剪长放多留枝，迅速增加枝条数量；调整骨干枝角度，加速树冠扩大，充分占领营养空间，合理利用光能。

2. 初果期的整形修剪

指从开始见果到大量结果的这段时期。为了早果、早丰，尽快完成整形任务，应该采用“先促后缓、促缓结合、适当轻剪”

的修剪方法，使其尽快形成牢固骨架，扩大树冠，增加全树枝量。

3. 盛果期的整形修剪

指从初果期结束到一生中产量最高的时期。此期树体骨架已基本形成，整形任务完成，修剪的主要任务是改善光照条件，调整好花芽、叶芽比例，维持健壮的树势，培养与保持枝组势力，争取丰产、稳产、优质。

三、花果管理

（一）授粉技术

1. 采集花粉

在主栽品种开花前，从适宜的授粉树上采集含苞待放的铃铛花，带回室内，两花对搓，使花药落下，去除花丝等杂质，然后将花药平摊在光洁的纸上。若果园面积大，需花粉量较多时，则可采用机械采集花粉。

2. 授粉时期及次数

人工授粉宜在盛花初期进行，以花朵开放当天授粉坐果率最高。但因花朵常分期开放，尤其是遇低温时，花期拖长，后期开放的花自然坐果率很低。因此，花期内要连续授粉 2~3 次，以提高坐果率。

3. 授粉方法

授粉方法主要有人工点授方法、喷粉和液体授粉、插花枝授粉、蜜蜂授粉和壁蜂授粉。

（二）疏花疏果

1. 花前复剪

在花芽萌动后至盛花前进行，一般壮树花枝和叶枝比为 1∶3，弱树花枝和叶枝比为 1∶4。

2. 疏花（蕾）

疏花疏蕾在铃铛花至盛花期进行，根据不同品种在 15~25

厘米等不同距离留花序 2~3 个，富士可大些，嘎啦可小些；每花序只保留一个中心花，边花全部疏除。

3. 疏（定）果

花后两周开始疏（定）果，30 天内完成，一般只留中心单果，多留下垂果、少留或不留斜生果和直立果。生产中多采用间距法疏（定）果。大型果品种留果间距为 20~30 厘米，中型果品种留果间距为 15~20 厘米，小型果品种留果间距为 15 厘米左右。

（三）果实套袋

1. 果袋选择

黄色和绿色品种选用单层透光纸袋，红色品种选用内袋为红色或外灰内黑的双层遮光纸袋。

2. 套袋方法

谢花后 30 天左右开始，2 周内完成。套袋前 3 天全园细致喷一遍杀虫杀菌剂。注意晴天套袋应在 10：00 之前和 16：00 以后进行。

3. 摘袋方法

采前 20~25 天去除果袋，先摘除外袋，间隔 5~7 天再摘除内袋。摘袋最好选择阴天进行，或者避开午间日光最强时段，防止日灼。

第三节　病虫害绿色防控技术

一、苹果树主要病害

（一）苹果树腐烂病

1. 识别与诊断

腐烂病主要为害主干、主枝，也可为害侧枝、辅养枝及小枝，严重时还可侵害果实。受害部位皮层腐烂，腐烂皮层有酒糟味，后期病斑表面散生小黑点（病菌子座），潮湿条件下小黑点上可冒出黄色丝状物（孢子角）。

2. 防治方法

（1）加强栽培管理。增施有机肥料，及时灌水。瘠薄地可采取围绕树盘挖坑改土、控制留果量、注意排水等措施，以增强树势。防止冻害，及时有效地防治红蜘蛛、叶斑病等造成早期落叶的病虫害。

（2）清除菌源。及时刮除病皮，剪除病枝、死枝。剪病枝及刮病皮时，地面铺塑料膜收集，然后集中在园外销毁。剪锯下的大枝不要码放在果园内，不要用病枝做支棍或架篱笆，以免病菌传播。

（3）喷铲除剂。早春发芽前应全树喷布3~5波美度石硫合剂铲除表面黏附及潜伏于表层的病菌。

（4）刮治病斑。早春和晚秋及时刮除腐烂树皮，然后涂杀菌剂消灭残余病菌。可用50%氯溴异氰尿酸可溶粉剂1 000~1 500倍液。

（二）苹果轮纹病

1. 识别与诊断

枝干发病，以皮孔为中心形成暗褐色、水渍状的小溃疡斑，圆形，直径3~20毫米，稍隆起，呈瘤状，后失水坚硬，形成扁圆形直径达1厘米左右的青灰色瘤状物，边缘开裂翘起，多个病斑密集，形成主干大枝树皮粗糙，故称“粗皮病”。斑上有稀疏的小黑点。果实受害初期以果点为中心出现浅褐色的圆形斑，后扩大变褐，呈深浅相间的同心轮纹状病斑，其外缘有明显的淡褐色水渍状圈，分界不清晰。病斑扩展引起果实腐烂。烂果有酸腐气味，有时渗出褐色黏液。

2. 防治方法

清除侵染源。多年生大树提倡在果树休眠期刮除粗皮，集中销毁，并全树喷 3 波美度石硫合剂。落花后 10 天至采收，定期喷药，每半月至 20 天 1 次，注意药剂交替使用。可选用波尔多液、代森锰锌、溴菌腈、多菌灵、甲基硫菌灵等。具体使用方法参见农药说明书。

（三）苹果霉心病

1. 识别与诊断

主要为害苹果的果实。病果果心变褐腐烂，充满灰绿色或粉红色霉状物，从心室逐渐向外霉烂，果肉味苦。果面外观症状不明显，较难识别。幼果受害重的，早期脱落。近成熟果实受害偶尔果面发黄，果形不正，或者着色较早。

2. 防治方法

（1）加强栽培管理。增施有机肥，及时排涝，合理修剪使树体通风透光，增强树体抗病力。

（2）随时摘除病果，搜集落果，冬季剪去树上各种僵果、枯枝等，均有利于减少菌源。

（3）在初花期和落花后喷药 1~2 次，常用药剂：10%多抗霉素可湿性粉剂 1 000~2 000倍液、50%异菌脲可湿性粉剂 1 500倍液、70%甲基硫菌灵可湿性粉剂 1 000倍液、50%多菌灵可湿性粉剂 1 000倍液等，可有效降低采收期的心腐果率。另外，生长期喷 0.4%硝酸钙+0.3%硼砂或叶保绿 2 号 1 000倍液 2~3 次，也能降低采收期的心腐果率。

（4）生物防治。从苹果树萌动后开始，连喷 4~5 次 1 000亿芽孢/克枯草芽孢杆菌 1 000倍液，15~20 天 1 次。

（四）苹果斑点落叶病

1. 识别与诊断

主要为害苹果叶片，也可侵染果实。叶片染病初期出现褐色小圆点，其后逐渐扩大为红褐色，边缘紫褐色的病斑，病部中央常具一深色小点或同心轮纹。幼果染病，果面出现1~2毫米的小圆斑或锈斑，有红晕。病部有时呈灰褐色疮痂状斑块，病健交界处有龟裂，病斑不剥离，仅限于病果表皮，但有时皮下浅层果肉可呈干腐状木栓化。

2. 防治方法

（1）秋冬季认真扫除落叶，剪除病枝，集中烧毁或深埋。发芽前喷3~5波美度石硫合剂铲除病源。

（2）药剂防治。花后10天开始喷第一次药，以后视天气情况每隔10~15天喷一次，常用药剂有波尔多液、丙森锌、代森锰锌、多抗霉素、异菌脲等，注意不同类型药剂交替使用。

（五）圆斑根腐病

1. 识别与诊断

一般地上部发病主要表现在生长的新梢和叶片上，严重时枝条和果实也表现症状。根据发病的轻重有叶缘焦枯、叶片萎蔫、叶片青干等类型。如发现上述症状，可用手推摇树干，有明显摇晃感，说明根系已经发病。

2. 防治方法

（1）加强栽培管理。增施有机肥、微生物肥料及农家肥，合理施用氮、磷、钾肥，科学配合中微量元素肥料，提高土壤有机质含量，改良土壤，促进根系生长发育。深翻树盘，中耕除草，防止土壤板结，改善土壤不良状况。雨季及时排除果园积水，降低土壤湿度。科学结果量，保持树势健壮。

（2）对病树的治疗。轻病树通过改良土壤即可促使树体恢复健壮，重病树需要辅助灌药治疗。治疗效果较好的药剂有：77%硫酸铜钙可湿性粉剂500~600倍液、50%克菌丹可湿性粉剂500~600倍液、60%铜钙·多菌灵可湿性粉剂500~600倍液、

45%代森铵水剂 500～600 倍液、70%甲基硫菌灵可湿性粉剂 800～1 000倍液、500 克/升多菌灵悬浮剂 600～800 倍液等。

二、苹果树主要虫害

（一）苹果红蜘蛛

1. 识别与诊断

以若螨和成螨刺吸为害叶片为主。被害叶片初期出现灰白色斑点，后期叶片苍白，失去光合作用，严重时叶片表面布满螨蜕，远处看去呈现一片苍灰色，但不落叶。

2. 防治方法

（1）农业防治。彻底清园非常关键，清扫树下落叶、杂草、果袋，摘除树上僵果，刮除枝干粗老翘皮，带出果园深埋或烧毁，最大程度地降低早期落叶病、炭疽病、轮纹病、螨类、蚜虫等病虫害越冬基数。

（2）保护天敌。苹果红蜘蛛的自然天敌很多，主要有深点食螨瓢虫、小黑花蝽、捕食螨等。通过合理施用化学农药，减少对这些天敌的伤害，可发挥天敌的控害作用。

（3）化学防治。喷药关键时期在越冬卵孵化期（早熟品种开花初期）和第二代若螨发生期（苹果落花后）。常用药剂有：20%四螨嗪悬浮剂 2 000倍液，15%哒螨灵乳油 2 000倍液，20%哒螨灵可湿性粉剂 3 000倍液，5%噻螨酮乳油 2 000倍液，20%三唑锡悬浮剂 1 000倍液，1.8%阿维菌素乳油 5 000倍液。

（二）桃小食心虫

1. 识别与诊断

以幼虫蛀食果实，多由果实胴部蛀人，在果肉中串食后到达果心，在果外可看到“淌眼泪”（蛀入孔的胶质滴）、“猴头果”（被害果凹凸不平）等现象，切开虫果可看到“豆沙馅”（即果内红褐色虫粪)。

2. 防治方法

上年虫果率在5%以上的果园在越冬幼虫出土期地面施用辛硫磷1~2次，可选用1.0%甲维盐乳油5 000~8 000倍液、25%甲维·灭幼脲1 000~2 000倍液或10%多杀霉素3 000~6 000倍液。另外，也可考虑诱芯防治方法。

(三) 绣线菊蚜

1. 识别与诊断

若蚜和成蚜群集在新梢上和叶片背面为害，被害叶向背面横卷。发生严重时，新梢叶片全部卷缩，生长受到严重影响。虫口密度大时，还可为害果实。

2. 防治方法

应充分认识和利用天敌的自然控制作用，在正常气候下，没有药剂干扰，蚜虫不致成灾，发生量较大时，到6月上中旬麦田瓢虫向果园迁移，也可在短期内控制其为害，故应注意保护瓢虫、食蚜蝇、蚜茧蜂等天敌。如果单靠天敌不能控制为害，蚜虫发生量明显增加时，可用50%氟啶虫酰胺水分散粒剂7 500~12 500倍液或25%噻虫嗪悬浮剂5 000~10 000倍液喷雾，效果明显，短时间内即可见效，击倒力很强；也可用啶虫脒、溴氰菊酯、抗蚜威等。

(四) 苹果瘤蚜

1. 识别与诊断

蚜虫主要为害新梢嫩叶。被害叶片正面凸凹不平，光合功能降低。受害重的叶片从边缘向叶背纵卷，严重者呈绳状。被害重的新梢叶片全部卷缩，枝梢细弱，渐渐枯死，影响果实生长发育和着色。被害梢一般是局部发生，受害重的树全部新梢被卷害。

2. 防治方法

防治苹果瘤蚜，应抓紧早期防治，即越冬卵全部孵化之后、叶片尚未被卷之前进行。最佳施药时期是果树发芽后半个月左右，一般在苹果开花前防治完毕。常用药剂有10%氟啶虫酰胺水分散粒剂2 500~5 000倍液、25%氯虫·啶虫脒可分散乳油3 000~4 000倍液。

（五）苹果绵蚜

1. 识别与诊断

苹果绵蚜集中于剪锯口、病虫伤疤周围、主干、主枝裂皮缝、枝条叶柄基部和根部为害。虫体上覆盖棉絮状物，易于识别。被害枝条出现小肿瘤，肿瘤易破裂。有时果实萼洼、梗洼处也可受害，影响果品质量。根部受害后形成肿瘤，使根坏死，影响根的吸收功能。

2. 防治方法

（1）加强检疫。严禁从苹果绵蚜疫区调运苹果苗木和接穗，防止苹果绵蚜传入非疫区。如必须从疫区引种苗木或采集接穗时，须经检疫部门检疫后才准予运出。一旦从疫区带进有蚜苗木或接穗，要进行严格的灭蚜处理。如果灭蚜不彻底，要全部销毁。

（2）清除越冬虫源。在苹果树发芽前彻底清除根蘖。刮除枝干上的粗裂老皮，集中烧毁。

（3）化学防治。在苹果绵蚜发生严重的果园，在蚜虫从越冬场所向树冠上扩散时，及时往树上喷药。常用药剂有10%吡虫啉可湿性粉剂2 000倍液，2.5%扑虱蚜可湿性粉剂1 000倍液，5%啶虫脒可湿性粉剂2 000倍液，在幼树园，可将吡虫啉埋于树下，利用其内吸作用，杀死树上的蚜虫。

第二章　梨栽培与绿色防控技术

第一节　栽植技术

一、选择良种

不同品种的梨树对环境气候要求不同，因此要选择适宜当地气候栽培的优良早熟、中熟或晚熟品种。种植梨树时要配置授粉树，授粉树与主栽品种比例为1：（4~6），最好选择2~3个能互相授粉的品种进行栽培。

二、栽植准备

（一）栽植前准备

栽植前，根据栽植计划确定需要的苗木品种、数量。购苗应选择信誉好、品种质量有保障、有正规资质的育苗单位或科研单位，购苗尽量在当地或就近，避免长途运输带来的损伤，还需对苗木进行检疫。栽植前核对、登记苗木，并对根系进行修剪，剪平伤口，去掉多余的分枝；将苗木在水中浸泡12~24小时，使根系吸足水分后再进行栽植。

（二）挖栽植穴及回填

根据果园规划设计的栽植方式和株行距，在地面上标定好栽植点。挖栽植坑时应以栽植点为中心，挖成圆形或方形的栽植坑，挖坑时将其中石头全部挖出，并用表土回填。挖坑时表土和底土要有规律地分开放置，并将坑底翻松。栽植坑的长、宽、深均应在0.8~1.0米范围内。在土壤条件差的地方，栽植穴也可提前挖出，秋栽夏挖，春栽秋挖，以使穴底层的土壤能得到充分熟化，有利于苗木根系的生长。栽植坑回填时，先在坑底隔层填入有机物和表土，厚度各10厘米，有机物可利用秸秆、杂草或落叶。将其余表土和有机肥及过磷酸钙或磷酸二铵混合后填入坑的中部，近地面时也填入表土，挖出来的表土不够时可从行间取表土，将挖出来的底土撒向行间摊平。施入充分腐熟的有机肥(人粪尿、圈肥、鸡粪、羊粪等)、过磷酸钙或磷酸二铵。回填时要逐层踩实，灌水使坑土沉实，防止浇水后下沉过多，影响苗木的生长。

三、栽植方法

梨苗栽植有春栽和秋栽。秋栽在梨树落叶期到土壤上冻前进行。一般秋季雨水多、土壤墒情好、地温高的南方地区采用秋栽较多。秋栽有利于根系伤口愈合和促进新根生长。

栽树时按品种分布发放苗木。栽植前将回填沉实的栽植穴底部堆成馒头形，踩实，一般距地面25厘米左右，然后将苗木放于坑内正中央，舒展根系。扶正苗木，使其横竖成行，嫁接口朝向迎风面，随后填入取自周围的表土并轻轻提苗，以保证根系舒展并与土壤密接，然后用土封坑，踏实。栽植后在苗木四周修筑直径1米的树盘，随后灌大水，待水渗入后在树盘内盖地膜保墒，栽植深度与苗木在苗圃时的深度相同为宜，嫁接口要高出地面。栽植不宜过深或过浅，过深不易缓苗，过浅不易成活。最后将多余的土做成畦埂或撒向行间。

梨树的种植密度可以根据品种类型、树型大小、植树技术、气候环境、土壤环境以及根系生存环境来决定。一般树冠大、分枝多、长势旺盛的品种，种植密度可按株行距为4~5米，每亩种植30株左右来进行，树冠小、分枝少的品种可适当密一些，按照株行距3~4米，每亩种植50株左右进行，而树冠非常小的品种，密度可更大。

第二节　主要管理技术

一、土肥水管理

（一）土壤管理

土壤管理主要有深翻改土和覆盖树盘。

对梨园进行深翻改土，增加土壤通透性，以利根系呼吸。时间是梨果采收后至落叶前为宜。深度30~40厘米，并结合施入秸秆、杂草、落叶、有机肥等。用秸秆或杂草覆盖树盘，防止水土流失，抗旱保墒，增加土壤有机质含量。

（二）科学施肥

梨园的土壤一般缺氮，其次是缺磷和一些微量元素。此外，施肥管理应根据树龄的不同时期和每个时期的不同生长特点进行。梨树的前期生长阶段是发芽、萌发分枝、叶片展开、开花和坐果的时期。在此期间，氮肥的量需要很大。这时，应加强氮肥的施用。结果期和盛果期是施肥的重要时期，所需的肥料量很大。

梨树基肥一般在每年的9—12月施入，在旁边挖出施肥沟施入基肥，也可采取其他方法。还需要注意追肥，在萌芽之前10天施入氮肥。在早春1月中旬左右，可以施入花前肥，主要是磷钾肥为主。壮果肥可在5月下旬左右施入一次，另一次可在6月中、下旬施入。8 月下旬果实采收后，浇灌稀薄肥水。

（三）灌溉和排水

1. 灌溉时间

（1）花前水。在 3 月下旬进行。

（2）花后水。在 4 月下旬或 5 月上中旬进行。

（3）果实膨大水。在 6—7 月进行。此阶段是果实迅速膨大期，也是梨树需水量最大的时期，此时往往易干旱，要特别注意灌溉。

（4）采后补水。9 月下旬或 10 月上旬进行。

2. 及时排水

梨树虽较耐涝，但长期淹水会造成土壤缺氧，并产生有毒物质，容易发生烂根和早落叶，严重时枝条枯死。因此梨园应设置完善的排水系统，及时防洪排涝。

二、整形修剪

（一）梨树常用树形

我国梨树栽培区通常见到的树形有多主干自然圆头形、多主干开心形和疏散分层形。多主干自然圆头形在华北各地常见，其主干比较高，没有中央领导干，在主干顶部有 5~6 个大主枝，向周围开展，各个主枝自然斜向伸展，在主枝的旁侧再形成二级、三级枝条，整个树冠为稍下垂形。多主干开心形主干比较矮，有主枝 3~4 个，斜立向外，斜开角度在 30°~40°，这就构成树冠的骨干枝；在骨干枝上再向外生长二级侧枝，通常为水平向外错落伸展共有 3~4 层，就构成一个空心的半圆形。疏散分层形通常在新建立的梨树果园采用，其主干低，有中央领导干，以干为轴，有主枝 4~5 层；第一层主枝 3~4 个，第二层 2 个，以上各 1 个；每层间距离，下层比较多，向上逐渐变小；在各主枝上再生长二级、三级枝条。

（二）不同时期的修剪

1. 幼树和初结果期树修剪

幼树和初结果期树枝条直立生长，开张角度小，往往抱合生长，易产生“夹皮角”。因此，梨幼树和初结果期树修剪的主要任务是迅速扩大树冠，注意开张枝条角度、缓和极性和生长势，形成较多的短枝，达到早成形、早结果、早丰产的目的。

2. 盛果期树修剪

盛果期梨树修剪的主要任务是调节生长和结果之间的平衡关系，保持中庸健壮树势，维持树冠结构与枝组健壮，实现高产稳产。

3. 衰老期树修剪

当产量降至不足15 000千克/公顷时，对梨树进行更新复壮。每年更新1~2个大枝，3年更新完毕，同时做好小枝的更新。梨树潜伏芽寿命长，当发现树势开始衰弱时，要及时在主、侧枝前端2~3年生枝段部位，选择角度较小，长势比较健壮的背上枝，作为主、侧枝的延长枝头，把原延长枝头去除。如果树势已经严重衰弱，选择着生部位适宜的徒长枝，通过短截，促进生长，用于代替部分骨干枝。如果树势衰老到已无更新价值时，要及时进行全园更新。对衰老树的更新修剪，必须与增加肥水相结合，加强病虫害防治，减少花芽量，以恢复树势，稳定树冠和维持一定的产量。

三、花果管理

（一）人工授粉

人工辅助授粉不仅可以有效地提高坐果率，达到丰产稳产，而且能使幼果生长快、果实个大、果形端正。点授工具可选择毛笔、带橡皮头的铅笔和纸棒等，其中带橡皮头的铅笔最为经济和简便，点授时用橡皮头的尖端蘸取少量花粉，在花的柱头上轻轻一点即可，每蘸1次花粉可点授花朵5~7个。

（二）疏花管理

疏花在花蕾分离期至落花前进行，当花蕾分离能与果台枝分开时，按不同品种的留果标准，每个果留1个花序，将其余过密的花序疏掉，保留果台。凡疏花的果枝应将一个花序上的花朵全部疏除，这样发出的果台枝在营养条件较好的情况下，当年就可形成花芽。疏花时，用手轻轻摘掉花蕾，不要将果台芽一同摘掉。应先疏去衰弱和病虫为害的花序，以及坐果部位不合理的花序，对于需要发出健壮枝条的花芽，如受伤部位枝条的顶花芽，应及时将花蕾疏除。

（三）疏果管理

为了保证梨树适量地坐果，一般在盛花后4周开始疏果，疏果时，根据留果量的多少，分1~3次，将病虫果、畸形果、小果和圆形果疏除，将大果、长形果和端正果留下。疏果时用疏果剪或剪刀在果柄处将果实剪掉，切勿碰预留果。通常在一个花序上自下而上的第2至第4序位的果实纵径较长，每个花序留1个果。若花芽量不足，可留双果。

（四）果实套袋

套袋一般在落花后20~35天进行，在晨露未干、傍晚返潮和中午高温、阳光最强时不宜套袋；在雨天、雾天也不宜套袋。套袋前5~7天，应喷1次杀虫剂和杀菌剂，可用50%唑醚·代森联水分散粒剂1 500倍液+5%高氯吡虫啉2 000倍液或1 500倍液苯甲·嘧菌酯悬浮剂+1 500倍液5%高效氯氟氰菊酯乳油，防治黑星病、红蜘蛛、梨木虱、黄粉蚜等。套袋时，先撑开袋口，托起袋底使两底角的通气和放水口张开，袋体膨起，手握袋口下

2~3 厘米处套上果实后，从中间向两侧依次按“折扇”的方式折叠袋口，从袋口上方连接点处，将捆扎丝反转 90°角，沿袋口旋转 1 周扎紧袋口，并将果柄封在中间，使袋口缠绕在果柄上。

第三节 病虫害绿色防控技术

一、梨树主要病害

（一）梨黑星病

1. 识别与诊断

黑星病可为害果实、果梗、叶片、叶柄、新梢和芽鳞等部位。梨树受害后，病部形成明显的黑色霉斑，这是该病的主要特征。

2. 防治方法

（1）秋冬季清除落叶落果，同时结合修剪，剪除病枝、病芽，集中烧毁或深埋。加强栽培管理，增施有机肥，增强树势，提高树体抗病能力。

（2）药剂防治。发芽前全园喷洒 3~5 波美度石硫合剂，以铲除树上的越冬菌源。5 月以后，根据梨树病情和降水情况及时喷药。一般第一次喷药在 5 月中旬（病梢初现期），第二次在 6 月中旬，第三次在 6 月末至 7 月上旬，第四次在 8 月上旬。可选用的药剂有 1：2：200 倍波尔多液，50%多菌灵可湿性粉剂 800 倍液，50%甲基硫菌灵 800 倍液，40%氟硅唑乳油 8 000~10 000 倍液，62.25%锰锌·腈菌唑可湿性粉剂 600 倍液等，注意交替用药。

（二）梨锈病

1. 识别与诊断

梨锈病主要为害叶片和新梢，严重时也能为害幼果。叶片受害时，在叶正面产生有光泽的橙黄色的病斑，病斑边缘淡黄色，中部橙黄色，表面密生橙黄色小粒点，天气潮湿时，其上溢出淡黄色黏液，干燥后，小粒点变为黑色，病斑变厚，叶正面稍凹陷，叶背面则隆起，此后从叶背隆起的病斑处长出淡黄色毛状物，这是识别本病的主要特征。新梢和幼果染病也同样产生毛状物，病斑凹陷，幼果脱落。新梢上的病斑处常发生龟裂，并易折断。

2. 防治方法

砍除梨园附近的桧柏，以断绝病菌来源，或于早春对桧柏喷1~2次3~5波美度石硫合剂，以减少或抑制病源。梨树上发现有锈病发生时，应在开花前、谢花末期和幼果期喷药保护。常用药剂有：25%三唑酮可湿性粉剂1 500倍液，石灰倍量式波尔多液200倍液，30%碱式硫酸铜胶悬剂300~500倍液，80%代森锰锌可湿性粉剂800倍液等。

（三）梨黑斑病

1. 识别与诊断

主要为害果实、叶片及新梢。幼嫩的叶片最早发病，开始出现小黑斑，近圆形或不整形，后逐渐扩大，潮湿时出现黑色霉层，即为病菌的分生孢子梗及分生孢子。叶片上病斑多时合并为不规则的大斑，引起早期落叶。幼果受害，在果面上产生漆黑色圆形病斑，病斑逐渐扩大凹陷，并长出黑霉。以后病斑处龟裂，裂缝可深达果心，有时裂口纵横交错，并在裂缝内产生黑霉，病果易脱落。新梢受害，病斑早期黑色、椭圆形或梭形，以后病斑干枯凹陷，淡褐色，龟裂翘起。

2. 防治方法

清除枯枝落叶、病果，并结合冬剪，剪除有病枝梢，集中烧毁。加强栽培管理，防止梨树坐果太多。增施有机肥，同时避免偏施氮肥、枝梢徒长及园内积水。果实套袋保护，早期发现病叶、病果及时摘除。发芽前喷5波美度石硫合剂。套袋前必须喷药，可选用50%多菌灵可湿性粉剂600倍液、7.5%百菌清可湿性粉剂800倍液等。

(四) 梨干枯病

1. 识别与诊断

苗木受害时，在茎基部表面产生椭圆形、梭形或不规则形状的红褐色水渍状病斑。病斑逐渐凹陷，病健交界处产生裂缝，并在病斑表面密生黑色小粒点，即病菌的分生孢子器。病斑围茎1/2以上时，上部逐渐枯死，刮风时易折断。

2. 防治方法

选择健壮苗木定植，加强栽后管理，促使苗壮而不疯长。加强结果树肥水管理，结果适量，壮树抗病。新栽幼树在病斑上用刀深刻至木质部，涂抹5%菌毒清水剂100倍液、2.12%腐植酸·铜水剂10倍液。入冬前涂波尔多液保护。

二、梨树主要虫害

(一) 梨大食心虫

1. 识别与诊断

主要为害梨果和梨芽。越冬幼虫从花芽基部蛀入，直达花轴髓部，虫孔外有以丝缀连的细小虫粪，被害芽干瘪。越冬后的幼虫转芽为害，芽基留有蛀孔，鳞片被虫丝缀连不易脱落。花序分离期为害花序，被害严重时，整个花序全部凋萎。幼果被害干缩变黑，果柄被虫丝缠于果台，悬挂在枝上，经久不落，故称为“吊死鬼”。

2. 防治方法

冬季修剪时剪除被害芽。鳞片脱落期用木棍敲打梨枝，鳞片振而不落的即为被害芽，应及时掰去。5月中旬以前彻底摘除虫果。由于幼虫转果时间不整齐，应连续摘虫果二三次，并在成虫羽化以前全部摘完。越冬幼虫出蛰转芽期，施用20%氰戊菊酯乳油2 500倍液或2.5%高效氯氟氰菊酯乳油4 000倍液，此期是全年药剂防治的关键时期；在转果期可喷布25克/升溴氰菊酯乳油2 500倍液，此次喷药，防治效果不如转芽期好，只是弥补转芽期防治的不足，如转芽期防治得好，这时可不必再施药。在第二代成虫产卵期，必要时可喷布菊酯类杀虫剂防治。

（二）梨小食心虫

1. 识别与诊断

主要为害梨、桃、苹果，桃和梨混栽的梨园受害较重。前期为害桃、杏、李的嫩梢，多从新梢顶部第二、第三片叶的叶柄基部蛀入，在髓部向下蛀食，被害梢端部凋萎、下垂，受害部流出胶液。后期蛀食果实，多从梗洼或萼洼蛀入，入果孔周围变黑腐烂，呈“黑膏药”状，内有虫粪，蛀道直达果心，果形不变。

2. 防治方法

建园时，尽量避免将桃树和梨树混栽，以杜绝梨小食心虫交替为害。做好清园工作。在冬季或早春刮掉树上的老皮，集中烧毁，消灭其中隐藏的越冬幼虫。秋季越冬幼虫脱果前，可在树枝、树干上绑草把，诱集越冬幼虫，于来年春季出蛰前取下草把烧毁。果园内设置黑光灯或挂糖醋罐诱杀成虫，糖醋液的比例是红糖5份、酒5份、醋20份、水80份。用性诱捕器、梨小性迷向素和农药诱杀。一般每亩地挂15个性诱捕器，虫口密度高时，要先喷一遍长效杀虫剂然后再挂。在成虫高峰期及时用药，药剂可用5%的阿维菌素乳油5 000倍液或8 000 IU/微升苏云金杆菌悬浮剂200倍液等。

(三) 梨黄粉蚜

1. 识别与诊断

成虫、若虫常群集在果实的萼洼部位刺吸汁液，被害部不久变为褐色或黑色，故称为“膏药顶”。果面上虫量大时，能看到一堆堆的黄粉。也可为害新梢。

2. 防治方法

早春认真刮除树体上的粗皮、翘皮及附属物，以清除越冬虫卵；梨树发芽前，树体喷布5%柴油乳剂或3~5波美度石硫合剂杀灭虫卵。花前及麦收前后，喷0.2波美度的石硫合剂，并添加0.3%洗衣粉，以增加黏着性。套袋果应切实做好套袋前的药剂防治。对于非套袋果，梨黄粉虫害果期喷药的重点是果实的萼洼处。可选用10%吡虫啉可湿性粉剂3 000~5 000倍液、1.8%阿维菌素乳油5 000倍液等。

(四) 梨二叉蚜

1. 识别与诊断

成虫常群集在芽、叶、嫩梢和茎上吸食汁液，以枝梢顶端的嫩叶受害最重。受害叶片不能伸展，由两侧向正面纵卷成筒状，影响光合作用，并引起早期脱落，影响花芽分化与产量，削弱树势。

2. 防治方法

在发生数量不大的情况下，摘除被害卷叶，集中处理消灭蚜虫。梨花芽膨大露绿至开裂以前，至少在卷叶以前是防治的关键时期，卷叶后施药效果很差。可喷洒10%吡虫啉可湿性粉剂5 000倍液、2.5%溴氰菊酯乳油2 500倍液、20%氰戊菊酯乳油2 500倍液、3%啶虫脒乳油2 000倍液等。保护和引放天敌，例如，瓢虫、草蛉、食蚜蝇等。

(五) 梨木虱

1. 识别与诊断

梨木虱成虫、若虫多集中于新梢、叶柄为害，夏秋多在叶背取食。若虫在叶片上分泌大量黏液，这些黏液可将相邻两张叶片黏合在一起，若虫则隐藏在中间为害，并可诱发煤烟病等。若虫大量发生时，大部分钻到蚜虫及瘿螨造成的卷叶内为害，为害严重时，全叶变成褐色，引起早期落叶。

2. 防治方法

冬季刮除枝干粗皮，清扫落叶，消灭越冬成虫。3 月中旬越冬成虫出蛰盛期喷药，可选用1.8%阿维菌素乳油2 000~3 000倍液。在第一代若虫发生期（约谢花 3/4 时），第二代卵孵化盛期（5 月中下旬）可选用的药剂有 10%吡虫啉可湿性粉剂 3 000倍液、1.8%阿维菌素乳油 3 000倍液或 22.4%螺虫乙酯悬浮剂 4 000~4 500倍液等。

第三章　桃栽培与绿色防控技术

第一节　栽植技术

一、栽植密度

由于桃树喜光性强，栽植距离应考虑树冠的生长发育情况，如桃树在北方反而比在南方生长势旺盛，树冠较大，行向以南北为宜。在我国南方株行距以 4 米×4 米或 4 米×5 米，每亩 40 株或 33 株为宜，山地种植的株行距可适当缩小至 3. 2 米×3. 2 米，每亩 66 株。北方以 5 米×5 米或 5 米×6 米，每亩 27 株或 22 株为宜。

二、栽植方法

桃树定植可分为秋种和春种。春种一般在春天土地解冻后及桃萌芽以前，因为定植后根系开始生长还需要一段时间，相当于缓苗，早期生长会稍慢些。秋种一般在秋季落叶后，土壤上冻前，基本没有缓苗时间，有利于提早春季萌芽，树的长势也比春天栽的旺盛。但需要注意的是，秋种在北方寒冷地区有时会发生抽条等冻害，导致死苗等，也可以采用春种。

建园定植前，先根据栽植方式进行规划设计，做出栽植规划图，在地面标明定植位置，然后挖好定植穴。定植穴直径 60 厘米，深50厘米，表土与底土分开堆放，每穴将腐熟有机肥料20千克，过磷酸钙0.5千克，与表土充分拌和后施入穴底，分层踏实，上部再填入15厘米左右的熟土，填好后略高于畦面5~6厘米，以防雨后下沉凹陷，造成定植过深。

苗木应选用根系好、芽饱满、无病虫害及无机械损伤的健壮苗。先剪短垂直根，修平根系伤口，定植时使接口朝夏季主风向，舒展根系踏实，浇透水。幼苗定植后距地面60~70厘米处剪截定干，其高度因品种和生态条件而异。树姿开张品种在肥水条件良好地区定干宜高；直立品种在风大地区定干宜低。剪口下15~30厘米为整形带，整形带内要有5~9个饱满芽，以便在带内培养主枝。若用芽苗，萌芽前，在芽上方0.1厘米处剪砧；萌动后，及时抹除砧蘖。从萌芽期始至7月间，可适当施肥，促进接芽迅速生长。

第二节　主要管理技术

一、土肥水管理

（一）田间管理

1. 充分发掘肥源，增施有机肥

有机肥施用量应占全部施肥量的60%以上。

2. 果园覆草栽培

利用各种农作物秸秆、杂草、树叶、碎柴草等有机肥覆盖果园地面。有全园覆草、株间覆草、树盘覆草等形式。但长期覆草可能引起果树根系上浮，招致鼠害等问题，应采取相应措施予以克服。

3. 果园种植绿肥，可增产20%左右

主要品种有箭筈豌豆、竹豆、白三叶、肥田萝卜、黑麦草、鸭茅、宽叶雀稗等。

4. 果园生草栽培

在果树行间或全园种植多年生草本植物作为覆盖作物。应选择茎秆矮（不超过 30 厘米）或匍匐茎，根系浅而发达，适应性强，耐阴耐割耐践踏，覆盖性好，鲜草产量高，富含营养，对果树无不良影响的多年生植物。

(二) 果园施肥

1. 基肥

（1）施肥时间。秋施基肥宜在 9—10 月进行，以早施为好，可尽早发挥肥效，有利于树体贮藏养分的积累。试验证明，春施基肥对桃的生长结果及花芽形成都不利。

（2）施肥种类。以有机肥为主，配合施用少量复合肥。最好直接追施有机无机复混肥。

（3）施肥方法。在垄上或树盘内离中干 50 厘米左右向外挖 4~6 条放射状沟至树冠外缘的地下，里窄外宽，里浅外深，沟深 15~40 厘米，宽 20~40 厘米（根据肥料的体积决定施肥沟宽度），遇到直径 1.5 厘米以上的粗根尽量不要切断。施入肥料后要和土充分搅拌均匀，覆土后浇水。

2. 追肥

根据果树一年中各个物候期的需肥特点及时补给肥料。

（1）花前肥。2 月下旬至 3 月上旬结合清园（将落叶、杂草等埋入地下）追施“蓝得”土壤调理剂（有机钙肥）100~150 斤*/亩和“持力硼”200 克/亩，以满足桃树花期、幼果期需钙、需硼高峰期对硼和钙的吸收利用。施用量要占到全年肥料投入成本的 10%左右。

---

* 1 斤=500 克，全书同。

（2）壮果肥。在生理落果后、果实成熟前40天左右进行，以氮、磷为主，钾肥适量。施用量要占到全年肥料投入成本的30%左右。

（3）根外追肥。将肥液喷于叶面，通过叶片的气孔和角质层吸收，但要严格掌握肥液浓度和天气，以阴天为最好，并做到均匀、细致、周到。

3. 水分管理

（1）灌水。灌水要抓住4个关键时期：①发芽前可结合施肥进行灌水；②新梢生长和幼果膨大期只有在特别少雨年份才灌水；③果实膨大期需水较多，但一般正值降雨集中期，除极个别年份外，需注意排涝，以改善土壤供水状况；④夏秋干旱期，中晚熟品种的果实还在继续生长，需要灌水。

（2）排水。要迅速排除土壤积水，做好水土保持工作。

二、整形修剪

（一）常用树形

桃树常用的树形有4种：①一株一干，又名主干形，适应于行株距为3米×1米或2米×1米，亩均222~333株的高密植园；②一株两干，又名“Y”字形，适应于行株距为（3.5~4）米×1米，亩均170株左右的密植园；③一株三至四干，又名开心形，适应于行株距为4米×3米，亩均55株左右的稀植园；④一株多干，又名改造形，用于栽植多年的稀植园改造，能充分利用空间，达到立体结果之目的。这4种树形，都有各自的特点和优势，在桃园实地操作中，要根据地理条件、管理水平、栽植密度灵活选择最适宜的树形，以达到高产优质的目的。

（二）修剪时期

1. 休眠期修剪

桃树落叶后到萌芽前均可进行休眠期修剪，但以落叶后至春节前进行为好。黄肉桃类品种幼树易旺长，常推迟到萌芽前进行修剪，以缓和树势，同时还可以防止因早剪而引起花芽受冻害。最晚也要在树液开始流动之前完成，否则会造成养分损失，从而对桃树萌芽、开花造成不利影响。个别寒冷地区，桃树采取匍匐栽培，需要埋土防寒，则应在落叶后及时修剪，然后埋土越冬。在冬季寒冷、春季干旱的地区，幼树易出现“抽条”现象，应在严寒之前完成修剪。

2. 生长期修剪

即在萌芽后直到停止生长以前进行。在萌芽后至开花前进行的修剪称为花前修剪，如疏枝，短截花枝、枯枝，回缩辅养枝和枝组，调整花、叶、果比例等。夏季修剪就是利用抹芽、摘心、剪梢、疏枝、扭梢、折枝等技术，控制无用枝的生长，减少其对养分的消耗，改善通风透光条件，有利于培养优良结构的树形，培养高效的结果枝类型，提高果实的品质。桃树夏季修剪的具体时间、次数以及修剪方法，要根据树龄、生长势、品种特性、栽培方式以及劳力等条件而定。

三、花果管理

（一）疏花疏果

1. 花蕾期疏花、疏蕾

桃树属于开花量大的果树，为防止结果量过多和不必要的树体养分消耗，在花蕾期就要做好疏花和疏蕾的工作。疏花疏蕾时，一般在结果枝的中部保留5~7朵花，对于枝条基部、顶部及背上的花蕾可全部疏去。

2. 花期人工辅助授粉

为了提高桃树的坐果率，在花期进行人工辅助授粉是一件必须要做的工作。花粉可从开花早、品质优良、花粉量大的品种中采集，如蟠桃、玉露等品种。授粉最好在开花 3 天以内进行，选择刚开花、黏性较好的花朵授粉为好。授粉时根据果枝的长短也应有所甄选，一般短果枝授 2~3 朵花，中果枝 3~4 朵，长果枝 6~8 朵。

3. 幼果期及时疏果

为了保证果实能够长成大果，在果实形成后，也就是进入硬核期能分清大小的时候，还要进行 2~3 次疏果操作，这样可极大减少裂核和坐果不良情况的发生。疏果时保留果形端正、着生在枝条中部并朝下生长的幼果，可有效防止日灼果的发生。一般短果枝留 1 个果，30 厘米左右的中果枝可留 2 个果，30 厘米以上的长果枝保留 3~4 个果，疏果工作最好在花后一个月以内完成。

（二）果实套袋

在桃树盛花期 20 天后，此时幼果已经长成，可进行套袋工作。

1. 选择果袋

目前市面上的果袋较多，质量也参差不齐，建议选择桃树专用纸袋为好。如果是不易着色的桃品种，可选择单层浅色果袋；如果是易着色的桃品种，可选择外浅内黑的双层果袋。

2. 套袋前处理

为防止果实生长期间发生烂果以及棉铃虫、蚜虫、螨虫等病虫害对果实造成为害，在准备套袋前的 1~2 天，要对桃园进行一次全园杀菌，杀菌的药剂可选择代森锰锌、甲基硫菌灵、多氧霉素等。杀虫剂可选用甲氧虫酰肼、甲维盐或螺虫乙酯。杀螨剂可选用三唑锡、达螨灵或唑螨酯。

3. 果实套袋

在套袋前，将果袋放在潮湿的地方或用喷雾器将果袋轻微喷湿，让果袋吸水返潮以增加果袋的柔韧性，然后在9：00—11：00或14：00—16：00进行套袋。

套袋时先将幼果上附着的花瓣等杂物清除，然后用手轻轻撑开果袋，保证袋底两角的通气孔也处于打开状态，然后向上套入果实，在套袋时要避免叶片和枝条也装入袋内，由外向内折叠袋口后用扎丝扎紧，保持桃幼果处在果袋中央。

在套袋时还要避免将扎丝缠在果柄上，以免影响养分输送。在套袋时既要求速度快，还要避免漏套，要求能套袋的果实要全部套袋，一般每亩套袋数量掌握在6 500个左右。

第三节　病虫害绿色防控技术

一、桃树主要病害

（一）桃流胶病

1. 识别与诊断

在树皮或皮裂口处流出淡黄色柔软透明的树脂，树脂凝结渐变为红褐色，病部稍肿胀，其皮层和木质部变褐腐朽。病株树势衰弱，叶色黄而细小，发病严重时枝干枯死，甚至整株死亡。

2. 防治方法

（1）加强管理。增强树势，增施有机肥，改良土壤，合理修剪，减少枝干伤口。清除被害枝梢，防治蛀食枝干的害虫，枝干涂白，预防冻害和日灼伤。

（2）药剂防治。①防治时间：根据流胶病在春、秋季发生最重的特点，即春（4—5月）、秋（9—10月）为防治的关键时期。②药剂种类：43%代森锰锌悬浮剂30~60倍液。③防治步骤：先刮除流胶部位病组织，再用棉签或牙刷将稀释成30~60倍液的43%代森锰锌悬浮剂涂抹于伤口处，一般为春、秋季各涂抹2~3次，连防1~2年病部可痊愈。

（二）桃缩叶病

1. 识别与诊断

主要为害桃树幼嫩部分。春季嫩叶初展时显出波纹状，叶缘向后卷曲，颜色发红。随着叶片生长，卷曲程度加重，叶片增厚发暗，呈红褐色，严重时，叶片变形，枝梢枯死。春末夏初在病叶表面长出一层白色粉状物。

2. 防治方法

（1）早春发芽前用3~5波美度石硫合剂消灭越冬菌源，进行保护。

（2）桃芽萌动至露红期，喷13%井冈霉素水剂1 000~1 500倍液。

（3）加强果园管理，初见病叶及时摘除，集中烧毁或深埋。发病严重的田块，会大量落叶，应及时施肥、灌水，恢复树势，增强抗病能力。

（三）桃细菌性穿孔病

1. 识别与诊断

主要为害叶片，也能侵害果实和枝梢。叶片发病时，初为水渍状小点，后扩大成紫褐色或黑褐色圆形或不规则形病斑，直径2毫米左右，病斑周围有绿色晕环。之后，病斑干枯，病健组织交界处发生1圈裂纹，病斑脱落后形成穿孔。枝条受害形成溃疡。果实受害，最初发生褐色小点，以后扩大，颜色较深，中央稍凹陷，病斑边缘呈水渍状。天气潮湿时，病斑出现黄色黏性物。

2. 防治方法

（1）加强果园管理。结合冬季修剪，剪除病枝，集中烧毁，消灭越冬病源。合理修剪，增施有机肥，增强抗病能力。

（2）药剂防治。在发芽前喷5波美度石硫合剂，展叶后至发病前喷2%春雷霉素水剂500~800倍液。

（四）桃炭疽病

1. 识别与诊断

桃炭疽病主要为害果实，也为害新梢和叶。幼果发病，果面暗褐色，发育停滞，萎缩僵化，经久不落。病菌可经过果梗蔓延到结果枝。果实膨大期发病，果面出现淡褐色水渍状病斑。病斑逐渐扩大，凹陷，表面呈红褐色，生出橘红色小点，即病菌的分生孢子盘，产生大量分生孢子，黏集于病斑表面。近成熟期果实发病，症状与膨大期相像，常数斑融合，病果软腐，大多脱落。新梢受害出现暗褐色长椭圆形病斑，略凹陷，逐渐扩展，致使病梢在当年或翌年春季枯死，有时还向副主枝和主枝蔓延。天气潮湿时，病斑表面也出现橘红色小点。叶片发病后纵卷成筒状。

2. 防治方法

（1）农业防治。清除病枝僵果，减少病菌传染。加强栽培管理，细致夏剪，增加通风透光。

（2）药剂防治。发芽前喷洒1∶1∶240波尔多液，这次喷药是药剂防治的关键。生长期防治，华北地区可在5月至7月中旬喷施80%炭疽福美可湿性粉剂800倍液、70%甲基硫菌灵可湿性粉剂1 000~1 500倍液等药剂。

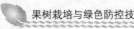

二、桃树主要虫害

（一）桃蛀螟

1. 识别与诊断

初孵幼虫先于果梗、果蒂基部及花芽内吐丝蛀食，蜕皮后蛀入果肉进行为害。

2. 防治方法

(1) 冬季将周围作物的残枝落叶及为害枝条清除烧毁，消灭越冬幼虫。

(2) 药剂防治。1.0%甲维盐乳油 5 000~8 000倍液、25%甲维·灭幼脲 1 000~2 000倍、10%多杀霉素 3 000~6 000倍液或 3%啶虫脒乳油 1 000~1 500倍液。

(二) 桃桑盾蚧 (桑白蚧)

1. 识别与诊断

雌成虫橙黄色，宽卵圆形，体表覆盖介壳，灰白色，近圆形，背面隆起。雄成虫体长 0.65~0.7 毫米，橙色。主要通过刺吸式口器在枝条上吸取汁液，轻则植株生长不良，重则枯枝、死树。

2. 防治方法

(1) 秋冬季结合修剪，剪去虫害重的衰弱枝，其余枝条可采用人工刮除越冬成虫，早春桃树发芽以前喷 5 波美度石硫合剂。

(2) 药剂防治。以卵孵化期药剂防治效果最好 (即壳点变红且周围有小红点时)，可用 25%噻虫嗪水分散粒剂 8 000~10 000倍液。

(三) 桃蚜 (桃赤蚜、烟蚜、菜蚜)

1. 识别与诊断

桃蚜一年可发生十几代，以卵在桃树枝梢、芽腋、树皮和小枝杈等处越冬，开春桃芽萌动时越冬卵开始孵化，若虫为害桃树的嫩芽，展叶后群集叶片背面为害，吸食叶片汁液。3 月下旬开始孤雌生殖，5—6 月迁移到越夏寄主上，10 月产生的有翅性母迁返桃树，由性母产生性蚜，交尾后，在桃树上产卵越冬。

2. 防治方法

(1) 越冬蚜量较多的情况下，于桃蚜萌动前喷柴油乳剂，杀灭越冬卵。

（2）药剂防治。在落花后至秋季，当有虫叶达5%时，喷药防治。药剂有5%啶虫脒乳油3 500倍液等。

（3）保护天敌。蚜虫的天敌很多，如瓢虫、食蚜蝇、草蛉、寄生蜂等，对蚜虫都具有很强的抑制作用。因此要尽量少喷洒广谱性杀虫剂和避免在天敌多的时期喷洒，以保护天敌，利用天敌消灭蚜虫。这对保护果园生态环境，生产无公害绿色果品具有十分重要的意义。

第四章　杏栽培与绿色防控技术

第一节　栽植技术

一、授粉树配置

授粉品种最好和主栽品种花期一致、亲和性好并且最好能够相互授粉，这样都能产生较高的经济效益。授粉树的数量为每 4 行主栽品种最少配置 1 行授粉品种。如果几个主栽品种可以互为授粉树也可以等量种植。

二、栽植时期

秋栽易发生冻害，春栽成活率高。时间为 3 月下旬至 4 月上旬，即土壤化冻后至苗木发芽前进行。

三、壮苗准备

要求苗木根系发达、完整、无劈裂，主根长度在 20 厘米以上，侧根 3~4 条，长度在 15 厘米以上，须根要多，接口愈合良好，茎干组织充实、粗壮，苗高 100 厘米以上，基茎粗 1 厘米以上，在整形带内有健壮饱满芽 8 个以上。最主要的是无检疫对象，无严重的机械伤和病虫害。

四、苗木处理

栽前将苗木过长根、劈裂根以及烂根剪除，露出新茬，然后把苗木根系用清水浸泡12小时，苗木吸足水后用50~100毫克/升的生根粉溶液浸根3~5秒，提高苗木成活率。

五、栽植方法

按设计要求和测出的定植点挖坑或沟，规格为长、宽、深不小于80厘米，把表土与充分腐熟的有机肥混匀，填入坑内至地表30厘米处，然后再填入表土至地表20厘米处，踩实后灌水，水渗下后栽植。栽植深度以浇水后苗木根茎与地面相平即可，过深则影响苗木生长。栽植时要求根系自然舒展，苗木直立。栽后灌水，水渗下后覆盖一块1米见方的地膜以保湿和提高地温。

第二节　主要管理技术

一、土肥水管理

（一）土壤管理

1. 中耕除草

在雨后或浇水后为保墒和抑制杂草生长，要及时中耕，一般中耕深度为15厘米左右。秋季为增加土壤的通透性和防治在土壤中越冬的病虫可适当深翻，一般为30厘米左右。

2. 土壤覆盖

为保墒、抑制杂草生长和提高果园土壤肥力，幼龄杏树行间可种植绿肥，定期割下后覆盖在树盘内，也可以把作物的秸秆适当粉碎后覆盖在杏园内，厚度15厘米左右，腐烂后结合秋季深翻，埋入土中。

(二) 施肥

1. 秋施基肥

从栽后第二年起，每年8月下旬至9月上旬围绕树穴向外挖深和宽各50厘米的环状沟，把充分腐熟好的优质有机肥、适量氮磷钾复混肥和土混匀施入沟内。幼树和初结果树每年每公顷施基肥50立方米以上，盛果期树90立方米以上。

2. 土壤追肥

全年追肥3次，分别在萌芽前、5月底和果实采收后，以氮磷钾复混肥为主。早熟杏5月底不进行追肥，以免推迟成熟期，重点放在果实采收后和秋施基肥上。追肥的施用量，从定植当年开始每年每公顷施纯氮45千克，折合成尿素100千克，五氧化二磷20千克，折合成过磷酸钙150千克，氧化钾40千克，以后每年每公顷各增加一倍。进入盛果期后，每年每公顷稳定在纯氮300千克，五氧化二磷140千克，氧化钾280千克。追肥方法为围绕树冠投影的最外围既吸收根集中分布区，挖20~30个30厘米深的穴，将肥料均匀放入穴内盖严。

3. 叶面喷肥

早春发芽前，喷3%~5%的尿素1次，可增强树体营养，促进萌芽开花和新梢生长；展叶后喷0.3%的尿素加其他多元素营养叶面肥2~3次，每10天1次，可有效促进幼叶生长；落花后半个月喷0.3%的尿素以促进枝叶和果实生长；对于大果型和易裂果的品种可在落花后1个月内喷2次高能钙，间隔15天喷1次。果实采收之后叶面喷施氮磷钾肥3次，每次间隔15天以上。对于有黄叶病或小叶病的果园可喷施含铁或锌的叶面肥。叶面喷肥的最佳时间是在每天16：00时以后，喷施时以叶片背面为主，易于吸收。

（三）浇水

追肥后要及时灌水，但对于极早熟品种前期要控制灌水，尤其是果实成熟前如不是特别干旱一般不要灌水，以免推迟成熟，果实采收后要及时施肥灌水。生长后期要控制水分，尤其雨季要注意排水，使树体及早停长，土壤封冻前要灌封冻水，提高树体抵抗力。

二、整形修剪

（一）常见树形

杏树为喜光树种，对杏树进行整形修剪以能够充分利用光能、早结果、早丰产、果实品质好、易管理为目的。因此采取的树形主要为延迟开心形、自然开心形和纺锤形。

（二）不同时期的修剪

1. 幼树期的修剪

主要围绕整形和结果两个方面，主侧枝要轻剪长放，一般留全枝的三分之二进行短截，对于发育枝应该缓放，增加结果枝的数量，成花或结果后要回缩培养成结果枝组，生长势头弱，病枝都要全部剪除，留下强壮的枝条。

2. 盛果期的修剪

盛果期的果树修剪主要围绕保持果树树形和增加结果枝数量，可以进行疏密、截弱，保持和稳定已经形成的结果枝组，培养多年生的辅养枝、结果枝和下垂枝，对强壮的树枝进行回剪，恢复它的生长势头。

3. 衰老期的修剪

衰老期的果树生长萌芽的能力弱，要培养结果枝和骨干枝比较难，本着“去弱留强”的原则，在加强水肥的管理下，对主枝和侧枝进行大更新，通过夏季抹芽、摘心和冬季修剪，第二年可以正常开花结果并恢复一定的产量。

三、花果管理

（一）预防霜冻

1. 熏烟

在杏园内每 20 米堆一堆用作物秸秆、锯末等能产生大量烟雾的燃烧物，为使其能大量发烟并防止出现明火，每堆秸秆上要薄薄地盖上一层潮土，在预报有霜冻发生的凌晨 3：00 左右点燃，能有效降低霜冻的危害。

2. 树体喷肥

初花期和盛花末期全树各喷施一次 0.3%的尿素加上 0.3%的硼砂，不但能有效提高坐果率而且可以预防霜冻。

3. 推迟花期

在霜冻发生较频繁的地区，萌芽前杏园灌一次透水可推迟花期 3 天左右；冬季对树干和大枝涂白，萌芽前全树细致喷施 5 波美度的石硫合剂，即可预防霜冻又可防病虫。

（二）杏园放蜂

杏树是虫媒花，依靠蜜蜂等昆虫进行传粉，由于在自然条件下蜂源很少，因此必须在花期人工放蜂，一般每公顷放 2 箱蜜蜂，于开花前 2 天放入杏园中间。近几年人工驯化出的角额壁蜂无论是授粉效率还是授粉质量都优于蜜蜂，而且经济实惠，是代替蜜蜂授粉的首选蜂源，一般每公顷放 1 500头左右，在杏树开花前 7 天放入园内，每间隔 25 米放 100 头。在不具备放蜂授粉条件的杏园，对于自花结实率较低的品种可用人工辅助授粉以提高坐果率。

（三）疏果

为提高杏果质量和平衡负载杏树必须进行疏花疏果，但由于大多数杏花中不完全花比例高，以花定果不易掌握，因此杏树多不疏花而疏果，疏果在时间上要强调“早”，即在落花后半个月进行疏果，半个月内疏完，严禁不定期陆续疏果，甚至直到果实近成熟期还在疏果。疏果在程度上要强调“严”，先疏去病虫果、伤残果、畸形果和发育不良的小果，然后再根据用途、果实大小和枝条壮弱决定留果量。一般鲜食大型果每10厘米留1个果，中小型果每5厘米留1个果，一定要留单果，留果形端正的大果。用于加工的品种可适当多留。

第三节　病虫害绿色防控技术

一、杏树主要病害

（一）杏褐腐病

1. 识别与诊断

杏褐腐病主要为害果实，也侵染花和叶片，果实从幼果到成熟期均可感病。发病初期果面出现褐色圆形病斑，稍凹陷，病斑扩展迅速，变软腐烂。后期病斑表面产生黄褐色绒状颗粒，呈轮纹状排列，病果多早期脱落。

2. 防治方法

（1）人工防治。合理修剪，适时夏剪，改善园内光照条件，冬季清理病果落叶，集中烧毁，消灭病源。

（2）药剂防治。杏树芽萌动前，喷4~5波美度石硫合剂或1∶1∶100波尔多液，杏落花后立即喷80%代森锰锌可湿性粉剂800倍液，以后每10~14天喷一次50%多菌灵可湿性粉剂600倍液、70%甲基硫菌灵可湿性粉剂600~800倍液或75%百菌清可湿性粉剂500~600倍液，共喷2~3次。

（二）杏疮痂病

1. 识别与诊断

病菌主要为害果实和新梢，幼果发病快而重，染病果多在肩部产生淡褐色圆形斑点，直径 2~3 毫米，病斑后期变为紫褐色，表皮木栓化，发病严重时常多个小病斑连成一片，但深入果肉较浅。新梢上的病斑褐色，椭圆形，稍隆起，常发生流胶。

2. 防治方法

参照杏褐腐病。

（三）杏瘤病

1. 识别与诊断

此病发生于新梢、叶片、花和果实上。一般于落花后新梢长达 15 厘米以上时病状始显。受害嫩梢伸长迟缓，初呈暗红色，后变为黄绿色，上生黄褐色微突起小点，病梢易干枯，其上所结果实滞育并干缩，脱落或悬于枝上。

2. 防治方法

当梢、叶初显病症时及时剪除，并集中烧毁，如此连续 2~3 年，可基本控制。

（四）杏细菌性穿孔病

1. 识别与诊断

该病主要为害叶片，也为害果实和新梢。叶片受害后，病斑初期为水渍状小点，以后扩大成圆形或不规则形病斑，直径约 2 毫米，周围似水渍状，略带黄绿色晕环，空气湿润时，病斑背面有黄色菌脓，病健组织交界处发生一圈裂纹，病死组织干枯脱落，形成穿孔。

2. 防治方法

（1）多施有机肥，合理修剪，使果园通风透光。

（2）结合冬剪，剪除树上枯枝。

（3）杏树发芽前，全树喷3～5波美度石硫合剂，或用1∶1∶100波尔多液，铲除越冬病源；生长季节，从脱萼期开始，每隔10天喷一次硫酸锌石灰液（硫酸锌1份，石灰4份，水240份）、70%代森锰锌700倍液或65%代森锌500倍液，共喷2～3次。

二、杏树主要虫害

（一）杏仁蜂

1. 识别与诊断

果实成熟前幼虫蛀害杏果，引起早落。

2. 防治方法

（1）及时拾落果，并深埋。

（2）5月杏果如豆粒大时，喷2.5%溴氰菊酯乳油2 500倍液或20%氰戊菊酯乳油2 000倍液，时值幼虫产卵期，效果良好。

（二）杏象甲

1. 识别与诊断

4—6月成虫食害嫩芽和花蕾，落花后产卵，为害果实。

2. 防治方法

（1）开花期人工捕捉成虫。

（2）勤拾落果，并及时毁灭。

（3）早春发芽前越冬幼虫出土期，可用5%辛硫磷粉剂5～8千克/亩直接在树冠下施于土中。成虫羽化期，树体选择喷洒下列药剂：50%辛硫磷乳油1 000～1 500倍液，50%敌敌畏乳油500～800倍液，20%甲氰菊酯乳油2 000～3 000倍液，2.5%溴氰菊酯乳油2 000～2 500倍液，2.5%高效氯氟氰菊酯乳油1 500～2 000倍液，每7～10天喷1次，共喷2次。

（三）杏球坚蚧

1. 识别与诊断

一年发生一代，以若虫在枝条粗糙皮部越冬，4 月开始吸食枝梢汁液，严重时整枝枯死。

2. 防治方法

（1）5 月上旬当虫体尚软时用硬刷刷除。

（2）早春发芽前喷 5 波美度石硫合剂或含油量为 5%的柴油乳剂。

（3）幼虫孵化期喷 0.3~0.5 波美度石硫合剂。

（4）可喷施专杀药剂进行防治，如吡虫・噻嗪酮等效果良好。马拉硫磷也有效，但效果差，并且需要在蚧类为害初期喷施才有效，一旦它们的蜡质形成后，一般的药剂难以渗透发挥作用。

第五章　柑橘栽培与绿色防控技术

第一节　栽植技术

一、苗木选择

苗木选择应以当地农技部门推荐的品种为主，遵循生态条件相似、非疫区引种、试验示范推广、引种和选择相结合的原则。选择幼树时，首先要看有无检疫性病虫害；其次要选择枝梢不被病虫为害，且根系发达，苗高在 40 厘米以上，有 2 个以上的分枝，嫁接口高度不低于 10 厘米，茎粗 0.8 厘米以上的幼苗。取苗时不伤及主根、须根，取好后分级、蘸浆，包装好后再运输。

二、挖塘定植

种植柑橘，要提前 2~3 个月按照每亩定植的规格（株行距 2 米×3 米）进行挖塘、晒塘，然后将每塘应施的农家肥、化肥和微量元素，与拌入耕作层的熟土一齐施入塘底，在栽培密度适中的基础上，平整、接线、扶直、定植。同一片地域（梯田），应尽量定植同一高度的幼树苗木，以便后期统一管理。苗木定植时，一定要扶正，踩实根部土壤，浇定根水约 50 千克，行与行对齐。

第二节　主要管理技术

一、土肥水管理

（一）土壤管理

柑橘园土壤管理就是要针对橘园的特点，采取不同的土壤管理模式，创造有利于柑橘生长发育的水、肥、气、热条件。柑橘果园的土壤管理模式主要包括深翻改土、中耕除草、生草栽培、覆盖等。

（二）施肥管理

柑橘的施肥，应满足柑橘对营养元素的需求，以有机肥为主，注意氮磷钾和中微量元素肥的平衡用肥，并采用基施、主干涂施和叶面喷施相结合的立体供给方式，合理使用有机肥、无机肥、生物肥等肥料。

（三）水分管理

柑橘园灌溉有4种方式，即沟灌、穴灌、树盘灌和节水灌溉（包括滴灌和微喷灌）。无论哪种灌溉，灌水时间和灌水量都因干旱程度不同而定，灌水时必须灌透，但又不能过量。合理的灌水量为使柑橘树主要根系分布层的湿度达到土壤持水量的60%~80%。遇连续高温干旱天气时，每隔3~5天灌溉1次。特别值得注意的是在采果前1周不要灌水。

二、整形修剪

（一）常用树形

柑橘的树形主要有开心形、圆头形和变则主干形，目前生产上主要采用的是开心形。主要方法是培养中心干，一般树干高

30~45 厘米，树冠高大的还可适当高一些。在离地面 50 厘米以上短截，保留 30~45 厘米的强壮枝，剪除其余细弱枝，如果是开心形，只留 2~3 个强枝，如果要培养圆头形和变则主干形可留 3 个强枝，其中剪口下的第 1 个强枝作为延长枝，第 2 个强枝为第 1 主枝，在延长枝上培养第 2 主枝，以此培养第 3 主枝、第 4 主枝等。开心形只有 3 个主枝，圆头形有 4~5 个主枝，变则主干形有 5~6 个主枝。

（二）不同时期的修剪

1. 营养生长期的修剪

在苗木定干整形基础上，以整形培养树冠为主，定植后第一、第二年继续培养主枝和选留副主枝，配置侧枝，使树形紧凑，枝叶茂盛。每年培养 3~4 次梢，尽快形成树冠，并及时摘除花蕾。

2. 生长结果期的修剪

继续培养树冠，适量结果。每年促发 2~3 次新梢，枝梢疏密排匀，尽快形成紧凑树冠。植株的中上部不结果或少结果，修剪以抹芽控梢为主。

3. 盛果期的修剪

树高一般控制在 250 厘米以下，树冠开张，外围凹凸，枝梢生长健壮，绿叶层厚度要 100 厘米以上，通风透光，立体结果。控制行间交叉，树冠覆盖率 75%~85%。修剪因树制宜，删密留疏，去弱留强；剪上留下，剪外留内；多花树多剪，少花树轻剪。

4. 衰老期的修剪

进行回缩修剪，采用更新或疏删老结果枝群，逼发内膛或下部的新结果枝群，保持萌蘖，删密留疏，排列匀称，多花多剪，弱树适当强剪。

三、花果管理

（一）控花管理

柑橘花量过大，消耗树体大量养分，结果过多使果实变小，降低果品等级，且翌年开花不足而出现大小年。主要用修剪控花，也可用药剂控花。

冬季修剪，对翌年可能花量过大的植株，如当年的小年树、历年开花偏大的树等，修剪时剪除部分结果母枝或短截部分结果母枝，使之翌年萌发营养枝。

药剂调控，能抑制花芽的生理分化，明显减少花量，增加有叶花枝，减少无叶花枝。常在花芽生理分化期喷施赤霉素 1~3 次，每次间隔 20~30 天。还可在花芽生理分化结束后喷施赤霉素，如 1—2 月喷施，也可减少花量。赤霉素控花效果明显，但用量较难掌握，大面积使用时应先做试验。

（二）保花保果

1. 春季追肥

春季柑橘处于萌芽、开花、幼果细胞旺盛分裂和新老叶片交替阶段，会消耗大量的贮藏养分，而此时多半土温较低，根系吸收能力弱。应及时追施速效肥，常施腐熟的人粪尿加尿素、磷酸二氢钾、硝酸钾等补充树体营养。此外，研究表明，速效氮肥土施 12 天才能运转到幼果，而叶面喷施仅需 3 小时。用叶面肥保花保果，可在谢花后进行。

2. 环割、环剥、抹梢

幼果期环割是减少柑橘落果的一种有效方法，可阻止营养物质转运，提高幼果的营养水平。对主干或主枝环剥 1~2 毫米，可取得保花保果的良好效果，且环剥 1 个月左右可愈合。春季抹除春梢营养枝，节省营养消耗也可有效提高坐果率。

3. 防止幼果脱落

目前使用的主要保果剂有细胞分裂素类和赤霉素。幼果横径0.4~0.6厘米（约黄豆大）时即开始涂果，最迟不能超过第2次生理落果开始时期，错过涂果时间达不到保果效果。

(三) 疏花疏果

柑橘一般在第2次生理落果结束后即可根据叶果比确定留果数，但对裂果严重的脐橙品种要加大留果量；在同一生长点上有多个果时，常采用“三疏一，五疏二或五疏三”的方法；叶果比通常50：1~60：1，大果型的可为60：1~70：1。

目前，主要用人工疏果，分全株均匀疏果和局部疏果两种：全株均匀疏果是按叶果比疏去多余的果，使植株各枝组挂果均匀；局部疏果系指按大致适宜的叶果比标准，将局部枝全部疏果或仅留少量果，部分枝全部不疏，或只疏少量果，使植株轮流结果。

(四) 果实套袋

柑橘果实套袋适期在6月下旬至7月中旬。套袋前应根据当地病虫害发生的情况对柑橘全面喷药1~2次，喷药后及时选择正常、健壮的果实进行套袋。果袋应选抗风吹雨淋、透气性好的柑橘专用纸袋，且以单层袋为适。采果前15~20天摘袋，果实套袋着色均匀，无伤痕，但糖含量略有下降，酸含量略有提高。

第三节 病虫害绿色防控技术

一、柑橘主要病害

(一) 溃疡病

1. 识别与诊断

该病主要为害柑橘的叶、果实及新梢，受害叶片会出现隆起，形成近圆形病斑，病斑表面木栓化，粗糙，而且会呈火山口状开裂，果实受害后，一般只为害果皮，严重时会引起落果，枝梢枯死。

2. 防治方法

加强田间肥水管理，如果发现病虫害植株，要及时清除，避免正常植株出现感染，如果发生病害，要及时用77%氢氧化铜水分散粒剂2 500~3 000倍液喷雾进行防治。

(二) 疮痂病

1. 识别与诊断

出现病害后，叶片上会出现粗糙的灰褐色痂状斑，并出现扭曲、畸形，枝梢变短小，扭曲，幼果受害形成黄褐色圆锥形木栓化的瘤状突起，幼果会早落，果小，味酸、皮厚、畸形。

2. 防治方法

冬季清园时，要及时清除病枝叶，并烧毁，发生病害后，可以用77%氢氧化铜水分散粒剂2 500~3 000倍液或50%多菌灵800~1 000倍液喷雾防治，效果很不错。

(三) 炭疽病

1. 识别与诊断

该病为害叶、枝、花、果等部位。叶片发生病害后，会形成黄褐色的大斑块，病叶易脱落，潮湿条件下病部生粉红色小点。枝梢受害后，呈灰白色枯死状。花发病后呈褐色，腐烂，易落花。果实受害出现黄褐色凹陷的病斑，圆形或近圆形，果肉一般不受害。

2. 防治方法

在增加树势的前提下，加强栽培管理，并在抽梢期、幼果期定期喷药，每隔15天喷药1次，连防2~3次，防治效果才明显，药剂可选用65%代森锌可湿性粉剂500倍液等。

(四) 脚腐病

1. 识别与诊断

主要为害柑橘根基部，病部皮层表现为不规则形腐烂，灰褐色，水渍状，有酒糟味，后期引起全株枯死，叶片变黄掉落。

2. 防治方法

防止果园积水，减少根茎部受伤，嫁接口应露出地面。发现病株，要使用波尔多液涂抹病部，防治效果很不错。

二、柑橘主要虫害

(一) 柑橘全爪螨

1. 识别与诊断

成螨、若螨以口针刺吸叶片、嫩枝、果实的汁液。被害叶面出现灰白色失绿斑点，严重时在春末夏初常造成大量落叶、落花、落果。

2. 防治方法

唑螨酯、乙螨唑、溴螨酯、三唑锡、噻螨酮、甲氰菊酯·噻螨酮、联苯菊酯·哒螨灵、阿维菌素·氟虫脲等药剂。

(二) 柑橘木虱

1. 识别与诊断

成虫、若虫刺吸芽、幼叶、嫩枝及叶片汁液，被害嫩梢幼芽干枯萎缩，新叶黄化扭曲畸形，若虫排出的白色分泌物落在枝叶上，能引起煤污病，影响光合作用。

2. 防治方法

双甲脒、吡虫啉、噻虫嗪、啶虫脒、噻嗪酮、甲氰菊酯、联苯菊酯等。

（三）橘蚜

1. 识别与诊断

橘蚜群集在柑橘嫩梢、嫩叶、花上取食汁液，使新叶卷曲、畸形，幼果和花蕾脱落，并分泌大量蜜露，诱发煤污病，枝叶发黑。

2. 防治方法

吡虫啉、高效氯氰菊酯、吡蚜酮、溴氰菊酯、抗蚜威等药剂。

（四）褐圆蚧

1. 识别与诊断

可为害叶片、果实和枝梢。受害叶片褪绿，出现淡黄色斑点，果实受害后表面不平，斑点累累，品质下降，为害严重时，会导致树势衰弱，大量落叶落果，新梢枯萎，甚至导致树体死亡。

2. 防治方法

（1）合理修剪，剪除虫枝，使用选择性农药，注意保护和利用天敌。

（2）可选用吡虫啉·噻嗪酮、阿维菌素·啶虫脒、烟碱·苦参碱、噻嗪酮·哒螨灵等药剂。

（五）柑橘大实蝇

1. 识别与诊断

主要以幼虫为害果瓤，造成果实腐烂和落果。

2. 防治方法

（1）农业防治

清理病果集中烧毁。生物物理防治，利用性引诱剂、引诱器、引诱粘板诱杀。

（2）化学防治

发生初期用甲氰菊酯、氯氟氰菊酯、噻虫胺杀灭成虫，此虫迁飞性强，注意统防。

第六章　猕猴桃栽培与绿色防控技术

第一节　栽植技术

一、授粉树配置

猕猴桃为雌雄异株，栽植时，应选择配置相应的授粉品种，雌雄株的适宜比例范围为（5~8）：1，其中以 8：1 采用较多，为了增大果实和提高果实品质，宜采用 6：1 或 5：1 的配置比例。为提高产量，改善品质，须配置适宜的雄株授粉，其选配的基本原则是：与雌性品种的花期相近；长势强，花量多，花粉活力强，萌芽率高，授粉效果好。

二、定植前土壤准备

1. 挖沟撩壕

山地建园，按等高线进行撩壕整梯，壕沟线可稍向内侧，梯宽 3.5 米；平地建园按行距挖沟撩壕，宽 1 米，深 0.7~0.8 米。开沟时表土和底土分开堆放，沟内底层压 2~3 层青（草）料，每亩约 2 500千克，红壤地另加 400 千克石灰，每层青料上盖表土，直至表土用完，上 1~2 层放畜栏粪、塘泥、腐殖土，每亩约 2 000千克，最上面 2~3 层在每个定植穴的位置施以腐熟的猪牛粪 100~200 千克或饼肥 40~50 千克，并充分与土拌匀，再盖一层土，定植沟的土应高出地面 20～30 厘米。填土时先填表土，后填下层生土。表土肥沃，对根有好处，下层死土回填在上面可以逐步熟化。

2. 准备堆肥

土杂肥、猪粪、鸡粪及菜园土堆沤而成，每个定植穴准备一担。

3. 定植穴

定植之前在改土的定植线上按株距挖好定植穴，每个定植穴 50 厘米深，穴内放一担堆肥，上盖一层土。

三、定植密度

应根据不同品种、架式和园地条件等来确定。长势弱、树体矮小、土壤较瘠薄的，栽植的密度可大一些；长势强旺、土壤肥沃的，栽植的密度应小一些。山地猕猴桃园，由于其光照和通风条件较好，密度可适当大一些。一般“T”形小棚架为（3～4）米×（3～4）米，每亩栽 42～72 株；水平大棚架为（3～4）米×（2.5～3）米，每亩栽 56～89 株；篱架株行距为（2.5～3）米×（3～4）米，每亩栽 56～89 株。

四、栽植时间

晚秋落叶后（11 月）至翌年的早春发芽前，根据南方的气候条件，以晚秋落叶后栽植最佳，有利于根系的恢复。早春栽植的时期不宜迟于 2 月底（伤流前）。

五、定植方法

栽苗时先按行株距打点，再在各点视苗木根系大小，挖 0.3～0.4 立方米小坑，放入苗根，深度以品种接口部位露出地面

3~5 厘米为宜。最好稍修剪一下苗根再放入，新伤口有利于发新根。当苗根埋土 1/3~2/3 时，向上提苗 2~3 次使根舒展，不要踩踏，继续填土至满；浇足水，使根系和土壤密切接触；水下渗后再填土覆盖，防止土壤过快失水、干裂。

第二节　主要管理技术

一、土肥水管理

（一）土壤管理

对猕猴桃园土壤进行深翻，可以从多方面改善土壤环境，对猕猴桃根系和地上部生长起到明显的顶端促进作用。深翻分秋季深翻和春季深翻两种，一般以秋季深翻为主。

秋季深翻应在果实采收至落叶前结合秋施基肥灌水进行。深翻后经冬季，有利于土壤风化和积雪保墒；深翻后经过灌水，土壤下沉，土粒与根系进一步接触，也有利于根系生长。

深翻深度以根系分布层稍深为宜，一般为 60~100 厘米。翻后效果可以保持数年，不需要每年都进行深翻。幼年和成年猕猴桃园可以间作一些低秆作物，如花生、油菜等或行间种植绿肥作物，以消除杂草，改良土壤和增加肥力。

（二）施肥管理

根据猕猴桃的生长时期、树龄等定施肥量。

（1）基肥。采果后施入腐熟的农家肥，辅以速效化肥，根据树势情况决定施入量，采用条施、沟施的方式施入。施基肥后要及时灌水。

（2）萌芽肥。氮肥为主，促进新梢生长和花器官形成，配合淋施生物刺激剂。然后叶面喷施磷酸二氢钾 800 倍液，可提升树体营养水平，具有防冻抗逆的作用。

（3）促花肥。磷钾肥为主，以提高坐果率，控制夏梢抽生，花量大还可以施平衡型复合肥。

（4）壮果促梢肥。此期果实迅速膨大，再加上新梢的旺盛生长与花芽分化，如养分需求比较大，可施高钾复合肥，喷施叶面肥。

（5）优果肥。此期果实基本已达到最大，果实内的淀粉含量开始下降，转入积累营养阶段，需要喷施叶面肥，促进品质的提升，同时为树体补充营养。

（三）水分管理

1. 灌水指标

土壤湿度保持在田间最大持水量的70%～80%为宜，低于60%时应灌水。清晨叶片上不显潮湿时应灌水。夏季高温干旱季节，气温持续在35℃以上，叶片开始出现萎蔫时，立即进行灌溉。伏旱秋旱应在早晨或傍晚灌水。

2. 灌水时期

萌芽期、花前、花后根据土壤墒情各灌1次水，但花期应控制灌水。果实迅速膨大期根据土壤湿度灌2～3次水。果实采收前15天左右停止灌水。越冬前灌封冻水。

3. 排水

雨季注意排涝，园内出现积水时及时排水。

二、整形修剪

（一）常用树形

猕猴桃本身不能直立生长，需要搭架支撑才能正常生长结果。目前栽培猕猴桃采用的架式主要有“T”形小棚架和水平大棚架的架式。为适应这种架式，猕猴桃宜采用“一”字形整形或“X”形。

（二）不同时期的修剪

1. 幼树及初结果树的修剪

幼树及初结果树一般枝条较少，主要是以培养树体骨架结构和继续扩大树冠为主，促使树体按照所造树形尽快成形，增加枝蔓数量，大力培养结果母枝适量结果。

2. 盛果期树的修剪

盛果期树修剪的主要目的是维护树体良好的骨架结构，保持地上部与地下部营养生长和生殖生长的平衡，延长其经济寿命。

3. 衰老期树的修剪

猕猴桃树进入衰老期后，树势明显衰弱，枝蔓生长势和结果能力下降，果实品质和产量下降，结果母枝开始大量死亡，这时主要任务是对树体进行复壮更新，去弱留强限制开花量，回缩修剪。

4. 雄株的修剪

雄株主要作用是为雌株提供量大、活力高的花粉。修剪重点放在夏季，冬季不做全面修剪。仅对缠绕枝、细弱枝、病虫枝进行回缩和疏除。

三、花果管理

（一）辅助授粉

为了提高坐果率，提高产量，可以进行辅助授粉，辅助授粉一般选择在阳光明媚天气早晨进行，一般每个果园授粉 3~4 次，每隔 1~2 天授粉 1 次。辅助授粉的方法有多种，常见的有对花授粉、蜜蜂授粉以及授粉器授粉 3 种。对花授粉是将当天上午刚开放的雄花收集起来，将雄花的雄蕊轻轻地涂抹在雌花的柱头上，每朵雄花可授 7～8 朵雌花；蜜蜂授粉即在果园内放蜂，一般 2 亩猕猴桃园应该有 1 盒蜜蜂，每盒不少于 30 000头；授粉器授粉是将商品花粉装入针管接触式猕猴桃专用授粉器，轻轻蘸在雌花柱头上。

（二）疏花疏果

1. 疏蕾

在开花前，根据当年现蕾的情况，把过多的花蕾摘除。双蕾、三蕾和过于拥挤的花蕾都要摘去。在一个结果枝上，如果花蕾过多，可以摘去顶端和基部的花蕾，保留中部的花蕾。

2. 疏花

在开花时，将侧花，方向、位置不好的花，荫蔽严重的花疏掉。由主侧花形成花序的，只留主花。但疏花时，注意留花量比计划留果量多 30%左右。

3. 疏果

在盛花后 10 天左右，疏去授粉不良的畸形果、扁平果、伤果、小果、病虫为害果等，保留果梗粗壮、发育良好的正常果。根据结果枝的强弱调整留果数量，生长健壮的长果枝留 4～6 个果，中庸的结果枝留 2～4 个果，短果枝留 1 个果，全树的定果量为 350～400 个，每平方米架面均匀分布 40～45 个果。

（三）果实套袋

给果实套袋后可避免晒伤、防止灰尘农药污染、减少落果、延长贮藏时间、改善果实外观，从而提高商品价值。建议选择透气性好、吸水率小、质地柔软的纸袋，套袋时间要把握好，套袋太早，容易伤害枝条，影响果实生长，形成低产，套袋太晚，效果不明显。一般开花后即可套袋，开花后 25 天左右要停止套袋。

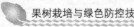

第三节　病虫害绿色防控技术

一、猕猴桃主要病害

（一）褐斑病

1. 识别与诊断

病斑主要始发于叶缘，也有发于叶面的。初呈水渍状污绿色小斑，后沿叶缘或向内扩展，形成不规则的褐色病斑。多雨高湿条件下，病情扩展迅速，病斑由褐变黑，引起霉烂。正常气候下，病斑四周深褐色，中央褐色至浅褐色，其上散生或密生许多黑色小点粒，即病原的分生孢子器。高温下被害叶片向叶面卷曲，易破裂，后期干枯脱落。叶面中部的病斑明显比叶缘处的小，病斑透过叶背，黄棕褐色。

2. 防治方法

（1）冬季彻底清园，将修剪下的枝蔓和落叶打扫干净，结合施肥埋于坑中。此项工作完成后，将果园表土翻埋 10~15 厘米，使土表病残叶片和散落的病菌埋于土中，使其不能越冬侵染。

（2）清园结束后，用 5~6 波美度石硫合剂喷雾植株，杀灭藤蔓上的病菌及螨类等。

（3）发病初期用 0.136%赤·吲乙·芸苔可湿性粉剂 15 000 倍液加 80%丙森锌水分散粒剂 1 000倍液，或 25%代锰·戊唑醇可湿性粉剂 2 000倍液，或 80%代森锰锌可湿性粉剂 600 倍液树冠喷雾，隔 10~15 天喷 1 次，连喷 3~4 次，可控制病害发生和扩展。2—8 月，喷 1：1：100 倍式波尔多液，减轻叶片的受害程度。

（二）炭疽病

1. 识别与诊断

猕猴桃炭疽病有两种症状：一种是为害叶片，从猕猴桃叶片边缘开始发病，初为水渍状，后变褐色不规则形病斑，病健部交界明显。后期病斑中间变成灰白色，边缘深褐色，病斑正面散生很多小黑点，受害叶片边缘卷缩，干燥时叶片易破裂，多雨潮湿时叶片腐烂脱落。另一种是为害成熟果，病斑圆形，浅褐色，水渍状，凹陷。

2. 防治方法

（1）注意及时摘心绑蔓，使果园通风透光，合理施用氮、磷、钾肥，提高植株抗病力。注意雨后排水，防止积水。

（2）结合修剪、冬季清园，集中烧毁病残体。

（3）在猕猴桃萌芽期，果园初次产生孢子时，5 天内开始喷洒 50%甲基硫菌灵可湿性粉剂 800～1 000倍液，70%二氰蒽醌水分散粒剂 7 000～10 000倍液，50%氟啶胺悬浮剂 2 000倍液。

（三）黑斑病

1. 识别与诊断

又称霉斑病。主要为害叶片，多发生在 7—9 月。最初在叶片正面出现褐色小圆点，大小约 1 毫米，四周有绿色晕圈，后扩展至 5～9 毫米，轮纹不明显，一片叶子上有数个或数十个病斑，融合成大病斑，呈枯焦状。病斑上有黑色小霉点，即病原菌的子座。严重时叶片变黄早落，影响产量。

2. 防治方法

（1）冬季清园，清除枯枝、落叶，剪除病枝。

（2）春季发芽前喷洒 3～5 波美度石硫合剂。

（3）发病初期，及时剪除病枝。

（4）发病初期喷洒70%甲基硫菌灵可湿性粉剂1 000倍液，隔15~20天喷1次，连喷4~5次可控制病害。

（四）灰霉病

1. 识别与诊断

主要为害花、幼果、叶及储运中的果实。花染病后，花朵变褐并腐烂脱落。幼果染病则初在果蒂处现水渍状斑，后扩展到全果，果顶一般保持原状，湿度大时病果皮上现灰白色霉状物。染病的花或病果掉到叶片上后，导致叶片产生白色至黄褐色病斑，湿度大时也常出现灰白色霉状物。

2. 防治方法

（1）加强管理，增强植株抗病力。

（2）雨后及时排水，严防湿气滞留。

（3）根据天气测报，在该病有可能大流行时应开展预防性防治，在雨季到来之前或初发病时喷洒50%氟啶胺悬浮剂2 000倍液或50%异菌脲可湿性粉剂1 000倍液。

二、猕猴桃主要虫害

（一）桑白蚧

1. 识别与诊断

雌成虫和若虫刺吸猕猴桃枝干和叶片及果实的汁液，造成树势衰弱或落叶等，严重的枝干枯死。

2. 防治方法

（1）建立猕猴桃园时，要远离桃、李、桑、梨等果园，避免寄主间传播。

（2）冬季或春季发芽前喷洒5%柴油乳剂或3~5波美度石硫合剂。

（3）注意保护日本方头甲、红点唇瓢虫等天敌。

（二）灰巴蜗牛

1. 识别与诊断

初孵幼贝只取食叶肉，留下表皮，爬行时留下移动线路的黏液痕迹。成贝经常食害嫩叶、嫩茎、叶片及果实，致使孔洞或折断或落果，发生严重者可造成缺苗断垄。

2. 防治方法

蜗牛发生初期至始盛期用6%四聚乙醛颗粒剂0.5千克/亩撒在果树受害处，也可选用70%杀螺胺粉剂，每公顷28~35克拌细沙撒施，持效期10~15天。蜗牛、蛞蝓为害严重时在第一次用药后隔12天再施药1次，才能有效控制其为害。

（三）蛀果蛾

1. 识别与诊断

在猕猴桃园中，只为害果实。蛀入部位多在果腰，蛀孔处凹陷，孔口黑褐色。侵入初期有果胶质流挂在孔外，此物干落后有虫粪排出。蛀道一般不达果心，在近果柱处折转，虫坑由外至内渐黑腐，被害果不到成熟期就提早脱落。

2. 防治方法

（1）建猕猴桃园时，应避免与桃、梨等果树形成混生园，防止食心虫的交错为害。

（2）重点防治第2代幼虫。可在其孵化期喷施5%氯虫苯甲酰胺悬浮剂或24%氰氟虫腙悬浮剂1 000倍液，共喷2次，间隔10天喷1次，效果良好。

第七章　樱桃栽培与绿色防控技术

第一节　栽植技术

一、品种选择

在选择栽培品种时，不仅要考虑果个大小、果实颜色、果实风味等果实性状，还要考虑其商品性，选择综合栽培性状好、市场竞争力强、经济效益高的品种。

二、授粉树配置

除自花授粉品种可以单一栽培外，樱桃园至少要栽培 3 个品种，以保证品种间相互授粉。大面积果园栽培品种要 5 个以上，而且成熟期要错开，以防采收时用工紧张。若栽 3 个品种，主栽品种与其他品种的比例为 4∶3∶3 或 4∶2∶1。

三、栽植方法

选择根系粗度大于 5 毫米、大根 6 条以上、苗高 1.2～1.5 米、嫁接口愈合良好的苗木。栽前苗木用 3～5 波美度石硫合剂浸泡 4～12 小时，冲洗后蘸泥浆栽植。

秋、春季均可栽植，栽后立即定干，并套 40 厘米膜筒保湿。3 月中旬，在原穴中央挖一个 30 厘米见方的小穴。挖出来的土掺优质有机肥和约 5 克磷酸二铵放在一边备用。把苗木放入小穴，苗木的原土印与地面相齐，将其根系舒展开，用掺好的土填在根系周围，一直填到略高于地面。在填土的过程中，要一边填土一边踏实并晃动苗木，然后再踏实，使根系与土壤充分密接。在树穴周围筑起土埂，整好树盘，随即浇透水。水渗下后，整平树盘，用一块地膜覆盖树穴，有利于提高地温，保持湿度，促发新根，提高苗木的成活率。如不盖地膜，水渗后培土保墒。

如果栽植半成苗（接芽成活的苗），栽后不要剪砧，待接芽萌动后剪砧，接芽长至 20 厘米高时，设支柱把新梢绑在支柱上以防风折。同时注意除萌，防止萌蘖与接芽竞争水分和养分影响成活。

樱桃怕涝，平地果园最好起垄栽植。方法是按预定的株行距挖深 1 米的沟，按回填要求回填，最后用行间表土和有机肥混匀后起垄，垄高 30～40 厘米，垄顶宽约 40 厘米，垄底宽约 1 米，将樱桃按栽植要求栽在垄上。这样可防止夏季雨水积涝及传播病害。用这种方法栽的树比平栽的当年生长量可大 1 倍，以后树体发育也较好。

第二节　主要管理技术

一、土肥水管理

（一）土壤管理

樱桃的土壤管理主要包括土壤深翻扩穴、中耕松土、果园间作、水土保持、树盘覆草、树干培土等，具体做法要根据当地的具体情况，因地制宜地进行。

（二）施肥管理

1. 幼树施肥

为了使苗木定植后的前1~2年内树体生长健旺，生长季节有后劲，最好在苗木定植前株施腐熟的鸡粪2~3锹，与土拌匀，然后覆一层表土再定植苗木，或定植前株施0.5千克复合肥或全元化肥，或定植前全园撒施5 000千克/亩的腐熟鸡粪或土杂粪，深翻后再定植苗木。5月以后要追施速效性肥料，结合灌水，少施勤施，防止肥料烧根。为了促进枝条快速生长，不能只追氮肥。虽然樱桃对磷的需求量远低于氮、钾，但适量补充磷肥，有利于枝条充实健壮。一般采用磷酸二铵和尿素的方式追肥，每次株施磷酸二铵+尿素0.15~0.2千克。

2. 结果树施肥

9月施基肥，以有机肥为主，配合适量复合肥、钙硼肥。每亩施土杂粪5 000千克+复合肥100千克，撒施后再深翻。盛花末期追施氮肥，株施碳酸氢铵1.5~2千克，结合浇水撒施。硬核后的果实迅速膨大期至采收以前，结合灌水，撒施碳酸氢铵0.5千克/株2次。采果后，放射状沟施人粪尿30千克/株、樱桃专用肥5千克或复合肥1.5~2千克/株。在土壤无特殊干旱条件下要干施，即施后不浇水。从初花到果实采收前，叶面喷施腐植酸类含铁等微量元素的叶面肥4次，间隔时间为7~10天（早中熟品种7天、晚熟品种10天），也可施用含腐植酸水溶肥（高美施）等其他叶面肥。应当强调的是，种植樱桃可获得较高的经济效益，果农也舍得投入，在提倡“春天萌芽前不施肥，秋施有机肥加化肥一次施足”的前提下，秋施基肥要足量，但千万不要过量施用肥料，尤其是过量的化肥，否则容易烧根、死树。

（三）水分管理

1. 适时灌水

定植后 1~2 年生的小树要勤浇水、浇小水，土壤相对含水量低于 60%时就浇水，即手捏 10 厘米深处的土壤只感到稍有湿意时就应浇水。在樱桃生长发育的需水关键期灌水，大致可分为花前水、硬核水、采前水、基肥水、封冻水和解冻水，每次灌水至水沟灌满为止。

2. 及时排水

樱桃树对环境水分状况反应敏感，不抗干旱也不耐涝，除要适时浇水外，还要及时排水。园地必须建好排水系统，雨季注意排出积水。地下水位高、低洼地易积水的地方，需起高垄栽培。

二、整形修剪

（一）常用树形

生产中，樱桃常用的主要树形大致有丛状自然形、自然开心形、主干疏层形、纺锤形等。

（二）不同树龄的修剪

1. 幼龄树的修剪

幼龄阶段的主要任务是养树，即根据树体结构要求，培养好树体骨架，为将来丰产打好基础。修剪的原则是轻剪、少疏、多留枝，应根据所选的树形采取不同的修剪方法。

（1）对主枝延长枝应促发长枝，扩大树冠。

（2）背上直立枝生长势很强，应极重短截培养成紧靠骨干枝的紧凑型结果枝组，也可将其基部扭伤拉平后甩放培养成单轴型结果枝组。

（3）中庸偏弱枝一般长势趋缓，分枝少，易单轴延伸，可培养成结果枝组。

(4) 拉枝开角，缓和长势，提高萌芽，增加短枝，促进成花，提早结果。

2. 盛果期树的修剪

进入盛果期后，树体高度、树冠大小基本上已达到整形要求，此时，应及时落头开心，增加树冠内膛的光照强度，对骨干延长枝不要继续短截促枝，防止果园群体过大，影响通风透光。盛果期树的结果枝组在大量结果后极易衰弱，特别是单轴延伸的枝组、下垂枝组衰老更快。对衰老失去结果能力的或过密的枝组可进行疏除，对后部有旺枝、饱满芽的可回缩复壮。盛果期大树对结果枝组的修剪一定要细致；做到结果枝、营养枝、预备枝3枝配套，这样才能维持健壮的长势，丰产、稳产。

3. 衰老树的修剪

树体进入衰老期后，应有计划地分年度进行更新复壮。利用樱桃树潜伏芽寿命长、易萌发的特点，分批在采收后回缩大枝，大枝回缩后，一般在伤口下部萌发新梢，选留方向和角度适宜的1~2个新梢培养，代替原来衰弱的骨干枝，对其余过密的新梢应及早抹掉。对保留的新梢长至20厘米时进行摘心，促生分枝，及早恢复树势和产量。如果有的骨干枝仅上部衰弱，中、下部有较强分枝时，也可回缩到较强分枝上进行更新。更新的第二年，可根据树势强弱，以缓放为主，适当短截选留骨干枝，使树势尽快恢复。

三、花果管理

(一) 昆虫授粉

采用花期放蜂授粉，在樱桃初花时，每3~5亩放一箱蜜蜂。目前在生产中，对樱桃授粉效果较好的蜜蜂种类是中华蜜蜂，中华蜜蜂活动温度低，其次是意大利蜜蜂。除了释放蜜蜂外还可利用壁蜂授粉。

（二）疏花疏果

1. 疏花

疏花是在花开后，疏去双子房的畸形花及弱质花，每个花芽以保留2~3朵花为宜。人工疏花宜在花蕾期进行，疏除基部花，留中、上部花，中、上部花应疏双花，留单花，预备枝上的花全部疏掉。注意，此期间如遇低温或多雨，可不疏花或晚疏花。也可采用盛花期喷施化学药剂（如12.5克/升蚁酸钙制剂）的方法疏花。

2. 疏果

疏果时期在生理落果后，一般在谢花1周后开始，并在3~4天之内完成。幼果在授粉后10天左右才能判定是否真正坐果。为了避免养分消耗、促进果实生长发育，疏果时间越早越好。疏果应根据树体长势、负载量及坐果情况而定。主要疏除小果、畸形果，留果个大、果形正、发育好、无病虫为害的幼果。疏除因光线不易照到而着色不良的下垂果，保留横向及向上的大果。待幼果长至豆粒大时，即可进行疏果。先疏上部、内部的果，后疏下部、外部的果；先疏大枝果，后疏小枝果；先疏双果、病果、伤果、畸形果，后疏密生果、小果。通过疏果，可进一步调整植株的负载量，促进果实增大，提高果实含糖量。

（三）果实着色

1. 摘叶

在合理整形修剪、改善冠内通风透光条件的基础上，在果实着色期将遮挡果实浴光的叶片摘除即可。果枝上的叶片对花芽分化有重要作用，切忌摘叶过重。

2. 铺设反光材料

果实采收前10~15天，在树冠下铺设反光膜，增强果实的浴光程度，促进果实着色。

第三节 病虫害绿色防控技术

一、樱桃主要病害

（一）樱桃黑霉病

1. 识别与诊断

主要发生在运输、销售及在树上过熟的果实，发病初期果实变软，很快呈暗褐色软腐状，用手触摸果皮即破，果汁流出。病害发展到中后期，在病果表面长出许多白色菌丝体和细小的黑色点状物，即病菌的孢子囊。

2. 防治方法

（1）适期采收果实，采收时轻摘轻放，尽量避免伤口，减少病菌侵染机会。

（2）采收后应将果实运送到阴凉处散热，并将伤果和病果剔除。

（3）药剂防治。在樱桃果近成熟时喷洒1次50%腐霉利可湿性粉剂1 000~1 500倍液、50%多菌灵可湿性粉剂800倍液、50%异菌脲可湿性粉剂1 500倍液或70%甲基硫菌灵可湿性粉剂700倍液，控制病害的发生。长距离运销的果实，在八成熟时采摘，并用山梨酸钾500~600倍液浸后装箱，可减少贮运期间病菌的侵染，从而减少发病概率。

（4）无论采收还是包装、运输，都要尽量避免高湿高温环境。

（二）樱桃褐腐病

1. 识别与诊断

果实受害，果面初现褐色圆形病斑，后扩及全果，变褐软腐，致果实收缩，成为灰白色粉状物，病果易脱落，有的失水变成僵果，不脱落，最后变为黑褐色。花受害易变褐枯萎，天气潮湿时，花受害部位表面丛生灰霉，天气改变时，则花变褐萎垂干枯，似霜害残留在枝上。

2. 防治方法

（1）农业防治。结合修剪彻底消除病枝、僵果，集中烧毁以消灭越冬病原，同时进行深耕，深埋病残体。

（2）药剂防治。樱桃树发芽前喷3~5波美度石硫合剂，初花期、落花后喷洒53.8%氢氧化铜水分散粒剂1 000倍液，47%春雷霉素可湿性粉剂700倍液、50%百菌清可湿性粉剂700倍液、12%松脂酸铜乳油600倍液或25%多菌灵可湿性粉剂800倍液可控制果腐。

（3）及时防治害虫，减少病菌侵入机会。

（4）成熟时小心采收，避免伤口，运输时应尽量避免碰撞、挤压产生新伤口，减少储运期病菌侵染。

（三）樱桃细菌性穿孔病

1. 识别与诊断

叶片受害，初呈半透明水浸状褐色小点；后扩大成圆形、多角形或不规则形，呈紫褐色或黑褐色，然后病斑干枯，脱落穿孔。果实受害，在果实表面出现褐色至紫褐色病斑。

2. 防治方法

（1）农业防治。避免偏施氮肥，多施有机肥、厩肥等，使果树枝条生长健壮，增强抗病力；合理修剪，使果园通风透光良好，以降低果园湿度；避免樱桃、桃、李、杏等果树混栽，以防病菌互相传染，给防治增加困难。

（2）人工防治。结合冬季修剪，剪除树上的病枝、枯枝，以消灭越冬菌源。

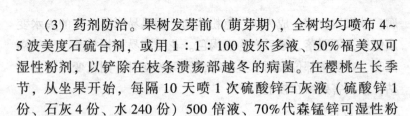

(3) 药剂防治。果树发芽前（萌芽期），全树均匀喷布4~5波美度石硫合剂，或用1∶1∶100波尔多液、50%福美双可湿性粉剂，以铲除在枝条溃疡部越冬的病菌。在樱桃生长季节，从坐果开始，每隔10天喷1次硫酸锌石灰液（硫酸锌1份、石灰4份、水240份）500倍液、70%代森锰锌可湿性粉剂700倍液，连喷2~3次。

(四) 樱桃小果病

1. 识别与诊断

病果在生长初期果形正常，到采收期比健果明显小，仅有健果大小的1/3或1/2。果形变尖锥形，果肩部分多呈三角形。病果香味减少，部分果实不成熟。

2. 防治方法

(1) 栽培无病毒苗木。病樱桃苗在37~37.5℃恒温下热处理3~4周，可脱去小果病毒。

(2) 拔除病树。在苗圃及大棚内，一旦发现有病苗或病树，要及时拔除烧掉。

(3) 药剂防治。发病初期，叶面喷洒83增抗剂50倍液或0.5%抗病毒1号水剂500倍液等。

(4) 及时防治传毒的媒介昆虫，如蚜虫、叶蝉等，可以减少此病的发生。

(五) 樱桃疮痂病

1. 识别与诊断

果实染病初生暗褐色圆斑，大小2~3毫米，后变黑褐色至黑色，略凹陷，一般不深入果肉，湿度大时病部长出黑霉，病斑常融合，有时1个果实上多达几十个。叶片染病生多角形灰绿色斑，后病部干枯脱落或穿孔。

2. 防治方法

(1) 农业防治。合理修剪，剪除病梢，可减少菌源，改善通风透光条件；注意放风散湿，雨季注意排水，严防湿气滞留，降低园地湿度。

（2）药剂防治。樱桃树发芽前喷30%碱式硫酸铜悬浮剂500倍液或1：2：200倍式波尔多液。落花后10~15天，可选择喷洒25%苯菌灵·环己锌乳油800倍液、50%硫磺·甲硫灵悬浮剂800倍液或80%代森锰锌可湿性粉剂500倍液。

二、樱桃主要虫害

（一）樱桃果蝇

1. 识别与诊断

樱桃果蝇主要为害樱桃果实，雌虫用产卵器刺破樱桃果皮，将卵产在果皮下，卵孵化后，幼虫由果实表层向果心蛀食，随着幼虫蛀食，果肉逐渐变褐腐烂。一般幼虫在果实内5~6天便发育成老熟幼虫，然后脱离果实化蛹，幼虫脱果后约留1毫米蛀孔。

2. 防治方法

（1）农业防治。果园清理。在樱桃果实膨大期，及时清除果园内外的杂草、腐烂垃圾及落果烂果。对冬季修剪后的落叶、果枝集中深埋或者烧毁，结合秋冬季施肥，深耕土壤消灭果园地表的越冬蛹。

（2）物理防治。针对果蝇的趋化性，利用糖醋液诱杀成虫。诱杀主要从樱桃果实膨大着色期开始至樱桃采收结束，用90%晶体敌百虫20克、红糖500克、醋液50克、酒100克、清水10千克比例配制成糖醋液，将糖醋液盛于15厘米以上口径的平底容器内，药液深度以3~4厘米为宜，容器内放漂浮物以便成虫栖息、取食。装有糖醋液的容器一般放于樱桃园树冠荫蔽处，高度不超过1.5米，每3~5株树挂一个，定期清除容器内成虫，每7

天更换一次糖醋液，虫量大或每次雨水后应及时补充。

（3）化学防治。40%辛硫磷乳油1 500倍液等高效低毒农药喷雾果园地面和周边杂草，灭杀出土成虫，降低虫源基数。每次喷雾间隔15天，共喷2~3次。在果实成熟前15天对樱桃树冠内膛喷洒植物源杀虫剂0.6%苦参碱水剂1 000倍液或1.8%阿维菌素乳油3 000倍液，加适量红糖可提高防治效果。

（二）樱桃实蜂

1. 识别与诊断

樱桃实蜂成虫体长5~6毫米，体粗壮，背面黑色。卵长椭圆形，乳白色，透明。初孵幼虫头深褐色，体白色透明；老熟幼虫头淡褐色，体黄白色，蛹长5毫米左右，初为淡黄色，后变黑色，茧圆柱形。一年发生1代，以老龄幼虫结茧在土下滞育，12月开始化蛹，翌年2月下旬樱桃始花期羽化交尾，成虫将卵产于花萼表皮下，初孵幼虫从果顶蛀入果实，取食果核、果仁及果肉，果实内留有虫粪，果实顶部过早变红，易脱落。老熟幼虫咬圆形脱果孔脱落，坠落地面后入土滞育。

2. 防治方法

（1）农业防治。樱桃实蜂防治重点是压低虫口基数，控制虫情蔓延。2月上旬深翻树盘，灭杀即将出土的越冬老龄幼虫，减少越冬虫源。4月上旬幼虫尚未脱果时，及时清理摘除虫果深埋。

（2）化学防治。樱桃开花初期，喷施50%辛硫磷乳油1 500倍液，防治羽化盛期的成虫。樱桃落花后，喷施1.8%阿维菌素乳油3 000倍液或2.5%高效氟氯氰菊酯乳油3 000倍液一次，防止幼虫蛀果。

（三）樱桃瘿瘤头蚜

1. 识别与诊断

无翅孤雌蚜头部呈黑色，胸、腹背面为深色，额瘤明显，内缘外倾，中额瘤隆起，腹管呈圆筒形，尾片短圆锥形，有曲毛3~5根。有翅孤雌蚜头、胸呈黑色，腹部呈淡色。腹管后斑大，前斑小或不明显。

2. 防治方法

（1）农业防治。加强果园管理，结合春季修剪，及时摘除有虫瘿的叶片，并带出园外深埋或集中烧毁。

（2）化学防治。樱桃树发芽至开花前，越冬虫卵大部分已孵化，及时喷雾10%吡虫啉可湿性粉剂2 000~2 500倍液或2.5%溴氰菊酯乳油1 500~2 500倍液，杀灭越冬虫卵。越冬卵孵化后尚未形成虫瘿之前，树上喷雾10%吡虫啉可湿性粉剂4 000倍液或1.8%阿维菌素乳油3 000倍液进行防治。

（四）桃红颈天牛

1. 识别与诊断

成虫体长28~37毫米，黑色有光泽，前胸背部棕红色。卵长椭圆形，长6~7毫米，老熟幼虫体长50毫米，黄白色，头小，腹部大，足退化。蛹体长36毫米，初为乳白色，后渐变为黄褐色。幼虫孵出后先在韧皮部纵横窜食，然后蛀入木质部，深入树干中心，蛀孔外堆积木屑状虫粪，引起流胶，严重时造成大枝甚至整株死亡。

2. 防治方法

6月下旬至7月中旬，人工捕捉中午静伏在树干上的成虫。冬季在主干上喷抹涂白剂防止成虫产卵。在幼虫为害期间，对有新鲜虫粪排出的蛀孔，用80%敌敌畏乳剂200倍液浸泡棉球进行堵塞，灭杀孔内幼虫。

第八章　葡萄栽培与绿色防控技术

第一节　栽植技术

一、栽植时期

从秋季至翌年春季均可栽植。北方秋季时间较短，整地、挖掘栽植沟工作量很大，冬季气候寒冷干燥，秋栽后必须埋土防寒，耗费较多人力、物力，因此，以秋季挖好栽植沟、春天栽植为宜。一般可在春季地温达到10℃时进行，过早栽植地温低，根系迟迟不活动，成活率降低。如果栽植面积较大，栽植时间可适当提前。温室营养袋育苗可在生长期带土定植。

二、栽植密度

根据不同地理位置、冬季是否需要下架防寒、土地类型（山地或平原）、土壤肥力状况、整形方式、架式特点、品种树势等栽植密度有差别。棚架栽培株行距一般为（1.5~2.0）米×（3.0~6.0）米，每亩栽植株数为56~148株。平地不埋土防寒地区多采用篱架栽培，株行距一般为（1.0~1.5）米×（2.0~3.0）米，每亩栽植株数为148~333株。

三、栽植方法

（一）挖大穴

在栽植畦中心轴线上按株距挖深、宽各 30 厘米的栽植穴，穴底部施入适量有机复合肥，上覆细土做成半圆形小土堆，将苗木根系均匀散开四周，覆土踩实，使根系与土壤紧密结合。栽植深度以苗木土球顶面与栽植畦面平齐为适宜。过深，土温较低，氧气不足，不利于新根生长，缓苗慢甚至出现死苗现象；过浅，根系容易露出畦面或因表土层干燥而风干。

（二）覆膜

栽植后及时覆盖黑色地膜，保证自根苗地上部或嫁接苗嫁接口部位以上露出畦面。黑色地膜具有对土壤保湿、增温、防杂草的作用，对提高成活率有良好效果。

（三）及时灌水和培土堆

栽植后及时灌 1 次透水。待水渗下后，将苗茎培土堆（黑色地膜覆盖可以不培土堆），高度以苗木顶端不外露为宜。待苗木芽眼开始膨大、即将萌芽时，选无风傍晚撤土，以利于苗木及时发芽抽梢。栽后 1 周内只要 10 厘米以下土层潮湿不干，就不再灌水，以免降低地温和通气性。以后土壤干燥可随时灌小水。

第二节　主要管理技术

一、土肥水管理

（一）土壤管理

建园时土壤改良可进行土壤深翻，深度在 50～80 厘米，深翻的同时，可将切碎的秸秆或农家肥施入，压在土下。葡萄园建园以后，对于土壤贫瘠的葡萄园，要进行深翻改土。深翻改土要分年进行，一般在3年内完成。在果实采收后结合秋施基肥完成深翻。在定植沟两侧，隔年轮换深翻扩沟，宽40~50厘米，深50厘米，结合施入有机肥（农家肥、秸秆等），深翻后充分灌水，达到改土目的。

（二）施肥管理

1. 施基肥

基肥多在葡萄采收后、土壤封冻前施入，一般在9月下旬至11月上旬进行。基肥以迟效性的有机肥为主，种类有厩肥、堆肥、土杂肥等。施肥前应先挖好宽40~50厘米，深40~60厘米的施肥沟。沟离植株50~80厘米（具体根据土壤条件和葡萄植株大小而灵活掌握）。沟挖好后，在基肥（堆肥、厩肥、河泥）中掺入部分速效性化肥如尿素、硫酸铵，可使根系迅速吸收利用，增强越冬能力。有时还在有机肥中混拌过磷酸钙、骨粉等，施肥后应立即浇水。

2. 追肥

（1）萌芽前追肥。以速效性氮肥为主，配合少量磷、钾肥。

（2）幼果膨大期追肥。在花谢后10天左右，幼果膨大期追施，以氮肥为主，结合施磷、钾肥（可株施45%复合肥100克）。

（3）浆果成熟期追肥。在葡萄上浆期，以磷、钾肥为主，并施少量速效氮肥，根施、叶面施均可，以叶面追施为主，这对提高浆果糖分、改善果实品质和促进新梢成熟都有重要的作用。采后肥以磷、钾肥为主，配合施适量氮肥，目的是促进花芽发育、枝条成熟，可结合秋施基肥一起施用。最后一次追肥在距果实采收期20天以前进行。

（三）水分管理

1. 灌水

一般成龄葡萄园的灌水，主要在葡萄生长的萌芽期、花期前后、浆果膨大期和采收后4个时期，灌水5~7次。同时要注意根据当年降水量的多少来增减灌水次数。成龄葡萄根系集中分布在离地表20~60厘米的栽植沟土层内，灌水应浸润80厘米以上的土壤为宜，并要求灌溉后土壤田间持水量达到65%~85%。常见的灌水方法有沟灌、畦灌、喷灌、滴灌、渗灌等。

2. 排涝

一般葡萄园排水系统可以分为明沟与暗沟两种。

（1）明沟排水

明沟排水是在葡萄园适当的位置挖沟，通过降低地下水位起到排水的作用。明沟由排水沟、干沟、支沟组成。投资较小，但占地面积较大，容易滋生杂草，造成排水不畅、养护维修困难等。目前，我国许多地区采用这种排水方法。

（2）暗沟排水

暗沟排水是在葡萄园地下安装管道，将土壤中多余的水分由管道排出的方法。其排水系统由干管、支管、排水管组成。优点是不占地，排水效果较好，养护负担轻，便于机械化施工。缺点是成本高、投资大，管道容易被泥沙沉淀所堵塞，植物根系也易伸入管内阻流，降低排水效果。

二、整形修剪

（一）整形方式

目前，我国葡萄的整形方式分为篱架整形、棚架整形。

1. 篱架整形

篱架整形的优点是管理方便，植株受光良好，容易形成，果实品质较好。篱架制作方法是用支柱和铁丝拉成行高2米左右的篱架，葡萄枝蔓分布于架面的铁丝上，形成一道绿色的篱笆。根据葡萄枝蔓的排布方式又分为多主蔓扇形和双臂水平整形两种。

2. 棚架整形

棚架是用支柱和铁丝搭成的，葡萄枝蔓在棚面上水平生长。棚架栽培分小棚架和大棚架两种。棚架栽培产量高，树的寿命也长。棚架的缺点是在埋土防寒地区上架下架较为费工，管理不太方便。

（二）葡萄的修剪

葡萄的修剪分为冬季修剪和夏季修剪。

1. 冬季修剪

冬季修剪的理想时间应在葡萄正常落叶之后2~3周内进行，这时一年生枝条中的有机养分已向植株多年生枝蔓和根系运转，不会造成养分的流失。冬季修剪时，根据每年预定产量要求，再按植株生长情况留数，生长势中等的植株每株留13个结果母枝，强的适当多留，弱的少留。冬剪常用的方法有短、疏、缩3种方法。

2. 夏季修剪

夏季修剪是葡萄整形修剪的重要时期。夏季修剪，可通过抹芽、疏枝、摘心、处理副梢等措施控制新梢生长，改善通风透光条件，使营养集中输送到结果枝上，从而提高产量和品质，并促进枝条生长和发芽分化，为来年丰产打下基础。

三、花果管理

（一）疏穗

在葡萄开花前，根据花穗的数量和质量以及产量目标，疏除一部分多余的、发育不好的花穗，使营养集中供应给留下的优质花穗，可以提高葡萄坐果率，提升果实品质。

疏穗分两个时期。一是在花序分离期，能分清花序大小、质量好坏时进行。通常去除发育不好、穗小的花穗，留下发育好、个头大的花穗，一般每个结果枝留一个花穗，每亩留 1 500~2 000 个花穗（夏黑留 1 000~1 500个）。二是在花前一周将副穗、歧肩疏除，将全穗 1/6~1/5 的穗尖掐去，每穗留 13~16 个小花穗。

（二）疏果

葡萄开花后 10 天，能明显分清果粒大小时进行疏果，要求疏除病虫果、过大过小果、日灼果及畸形果，要疏除过密果，选留大小一致、排列整齐向外的果粒。果粒大品种如藤稔留 30~40 粒，果粒中等品种如巨峰留 40~50 粒，小粒品种如夏黑留 70~80 粒。

（三）套袋

套袋在葡萄生理落果后（坐果后 2 周），果粒黄豆粒大小时进行，套袋前要用杀菌剂进行彻底杀菌。葡萄套袋材料一般用专用纸袋，分大、中、小三种规格，可根据果穗大小进行选择。套袋时要注意避开中午高温时，防止日灼。袋口要扎紧，防止风吹落和虫进入。

（四）摘袋

为了促进葡萄浆果着色，深色品种可在采收前 1~2 周摘袋，其他品种采收前不解袋。摘袋宜选择晴天 9：00—11：00、15：00—17：00 进行。先撕开袋底开口，隔 1~2 天后再摘袋。

第三节 病虫害绿色防控技术

一、葡萄主要病害

（一）葡萄灰斑病

1. 识别与诊断

葡萄灰斑病又叫轮纹叶斑病，主要为害叶片，各葡萄产区有零星发生。初发生时病斑近圆形，褐色至灰褐色、斑小。干燥时，病斑扩展慢，边缘呈暗褐色，中间为淡灰褐色；湿度大时，病斑迅速扩大，呈灰绿色至灰褐色水渍状病斑，具同心轮纹。严重时3~4天扩展至全叶。后期，病斑背面可产生灰白色至灰褐色霉层，导致叶片早落。

2. 防治方法

（1）防治灰斑病的关键是消灭越冬病源，清除病叶并集中烧毁或深埋。葡萄萌芽前全树喷布1~3波美度石硫合剂，或在萌芽初期喷45%硫磺悬浮剂300~500倍液以灭杀越冬病菌。

（2）药剂防治。可在发病初期开始喷药，间隔10~15天喷1次，连喷3~4次。常用药剂有50%腐霉利可湿性粉剂1 500倍液、45%噻菌灵悬浮剂3 000~4 000倍液、50%多霉清可湿性粉剂1 000~1 500倍液。

（二）葡萄霉斑病

1. 识别与诊断

主要为害叶片，初发病时叶上出现黄绿色小斑点，后扩大为不规则的褐色斑，叶片上有多个病斑，后期病斑表面产生黑色霉状物即分生孢子，严重时病斑连片，使叶早期脱落。

2. 防治方法

（1）农业防治。清除病源，彻底清扫落叶并集中烧毁是主要防治措施。其次要合理修剪，使葡萄园通风透光，降低湿度。

（2）药剂防治。在药剂防治上，要从发病初期开始，每10天左右喷药1次，连喷2~3次。常用药剂为80%代森锰锌可湿性粉剂600~800倍液、65%代森锌可湿性粉剂500~600倍液、25%多菌灵乳油（或50%多菌灵可湿性粉剂）800~1 000倍液、25%甲基硫菌灵乳油1 000~2 000倍液或1：（0.5~0.7）：（160~200）倍的波尔多液。

（三）葡萄炭疽病

1. 识别与诊断

主要为害着色或近成熟的果粒，造成果粒腐烂。也可为害幼果、叶片、叶柄、果柄、穗轴和卷须等。着色后的果粒发病，初在果面产生针头大小的淡褐色斑点，其后病斑逐渐扩大成深褐色凹陷的圆形病斑，其上产生呈轮纹状排列的小黑点，天气潮湿时，溢出粉红色黏液。发病严重时，病斑可以扩展到半个或整个果面，果粒软腐，易脱落，病果酸而苦，或逐渐干缩成为僵果。果柄、穗轴发病，产生暗褐色、长圆形的凹陷病斑，可使果粒干枯脱落。

2. 防治方法

生长季节根据气候及发病状况，在花前、谢花后、幼果期、果实膨大期、转色初期喷药保护，常用药剂有25%丙环唑乳油100倍液、25%咪鲜胺乳油800～1 500倍液、80%炭疽福美可湿性粉剂500～600倍液、50%福美双可湿性粉剂600倍液、10%苯醚甲环唑水分散粒剂1 500～2 000倍液、68.75%噁·酮·锰锌水分散粒剂1 200～1 500倍液、53.8%氢氧化铜干悬浮剂1 000倍液、80%代森锰锌可湿性粉剂800倍液、75%百菌清可湿性粉剂600倍液等。

（四）葡萄黑痘病

1. 识别与诊断

叶片受害后，初期产生针头大褐色小点，逐渐扩展成圆形病斑，中部变成灰色，最后病部组织干枯硬化，脱落而穿孔。幼叶受害后多扭曲，皱缩为畸形。幼果感病呈褐色圆斑，圆斑中部灰白色，略凹陷，边缘红褐色或紫色，似“鸟眼”状。

2. 防治方法

预防此病要及早喷药，保护植株上幼嫩枝叶和幼果。一般新梢长至15厘米时第一次用药。常用药剂有25%嘧菌酯悬浮剂800~1 200倍液，40%苯醚甲环唑水乳剂4 000~5 000倍液，80%代森锰锌可湿性粉剂600~800倍液，5%亚胺唑可湿性粉剂600~800倍液。上述药剂，要交替使用，防止产生抗药性。

二、葡萄主要虫害

（一）葡萄虎天牛

1. 识别与诊断

葡萄虎天牛幼虫孵化后，即蛀入新梢木质部内纵向为害，虫粪充满蛀道，不排出枝外，故从外表看不到堆粪情况，这是与葡萄透翅蛾的主要区别。落叶后，被害处的表皮变为黑色，易于辨别。以为害1年生结果母枝为主，有时也为害多年生枝蔓。

2. 防治方法

（1）冬季修剪时，将受害变黑的枝蔓剪除烧毁，以消灭越冬幼虫。

（2）成虫发生期，注意捕杀成虫。

（3）生长期，根据出现的枯萎新梢，在折断处附近寻杀幼虫。

（4）发生量大时，在成虫盛发期喷布50%杀螟硫磷乳油1 000倍液。或用棉花蘸50%敌敌畏乳油200倍液堵塞虫孔。

（5）成虫产卵期喷40%噻虫啉悬浮剂3 000~4 000倍液。

（二）葡萄根瘤蚜

1. 识别与诊断

主要为害根部。根部受害，须根端部膨大，出现小米粒大小菱形的瘤状结，在主干上形成较大的瘤状突起。叶上受害，叶背形成许多粒状虫瘿。因此，葡萄根瘤蚜有根瘤型和叶瘿型之分。雨季根瘤常发生腐烂，使皮层裂开脱落，维管束遭到破坏，从而影响根对养分、水分的吸收和运送。同时，受害根部容易受病菌感染，导致根部腐烂，使树势衰弱，叶片变小变黄，甚至落叶而影响产量，严重时全株死亡。

2. 防治方法

(1) 加强检疫。葡萄根瘤蚜唯一传播途径是苗木，在检疫苗木时要特别注意根系所带泥土有无蚜卵、若虫和成虫，一旦发现，立即进行药剂处理。其方法是：将苗木和枝条用40%辛硫磷乳油1 500倍液或80%敌敌畏乳油1 000~1 500倍液浸泡1~2分钟，1.5%除虫菊素水乳剂600~1 000倍液浸泡1~2分钟，取出阴干，严重者可立即就地销毁。

(2) 土壤处理。可用二硫化碳灌注。方法：在葡萄主蔓周围距主蔓25厘米处，每平方米打孔8~9个，深10~15厘米，春季每孔注入药液6~8克，夏季每孔注入4~6克，效果较好。但在花期和采收期不能使用，以免产生药害。还可以用50%辛硫磷乳油500克拌入50千克细土，每亩用药土25千克，于15：00—16：00施药，随即翻入土内。

(3) 选用抗根瘤蚜的砧木。我国已引入和谐、自由、更津1号和5A对根瘤蚜有较强抗性的砧木，可以选用。

(三) 二黄斑叶蝉

1. 识别与诊断

二黄斑叶蝉别名二星叶蝉，成虫体长2.9~3.7毫米，有红褐色及黄白色两型。以成虫、若虫在叶背吸食汁液，被害叶初现白色小点，严重时叶片苍白或焦枯，提早脱落，影响枝条成熟和花序分化。大叶型欧美杂交品系受害重，小叶型欧洲品系受害轻。

2. 防治方法

(1) 葡萄园内远离桃树、樱桃树、山楂树及常绿灌木等。

冬季清园时，要铲除园边杂草、落叶，消灭越冬虫源。

（2）加强葡萄生长期的各项管理，改变通风透光条件，以利葡萄生长。

（3）药剂防治。5月中下旬是第一代若虫发生期，可喷洒1.5%除虫菊素水乳剂600~1 000倍液。不仅可杀灭成虫、幼虫，还有一定杀卵作用，残效期可达30天以上。

(四) 葡萄透翅蛾

1. 识别与诊断

葡萄透翅蛾又称透羽蛾，主要为害葡萄枝蔓。幼虫蛀食新梢和老蔓，一般多从叶柄基部蛀入。被害处逐渐膨大，蛀入孔有褐色虫粪，是该虫的为害标志。幼虫蛀入枝蔓内后，向嫩蔓方向暴食，严重时，被害植株上部枝叶枯死。

2. 防治方法

（1）人工防治。结合养护，从6月上中旬起经常观察叶柄、叶腋处有无黄色细末物排出，如有发现用脱脂棉稍蘸烟头浸出液，或用50%杀螟硫磷10倍液涂抹。

（2）物理防治。悬挂黑光灯，诱捕成虫。

（3）药剂防治。当葡萄抽卷须期和孕蕾期，可喷施10%~20%拟除虫菊酯类农药1 500~2 000倍液，收效很好；也可当主枝受害发现较迟时，在蛀孔内滴注烟头浸出液，或选50%杀螟硫磷1 000~2 000倍液喷施。

（4）生物防治。将新羽化的雌成虫放入用窗纱制的小笼内，中间穿一根小棍，搁在盛水的面盆口上，面盆放在葡萄旁，每晚可诱到不少雄成虫，收效很好。

第九章　板栗栽培与绿色防控技术

第一节　栽植技术

一、品种配置

一个小区应不少于 2 个品种，大型栗区 10 公顷以上需配置品种 4 个以上。主栽品种与授粉品种的比例为 4∶1~5∶1。板栗是雌雄同株而异花异熟，必须注意授粉树的配置。在建园时，可选用 2 种以上优良品种混合栽植，以便互相授粉，提高结果率，一般主栽品种 4~8 行，配置 1 行授粉树。

二、栽植密度

依据地形、土壤等条件，条件好适当稀些，反之则应当密些，一般株行距可采用 3 米×（3~5）米，每亩可栽植 44~74 株。

三、栽植时间

秋末冬初或早春均可，秋冬季栽植为好。春栽宜在 3 月上旬至萌芽前，秋冬季栽植宜在落叶后至 12 月下旬。

四、栽植方法

板栗为深根性树种，一般在土层较深的平地上栽植，先挖直径1米、深60~80厘米的定植穴，穴内施有机肥并混施部分磷肥。

山坡瘠薄地结合土壤改良和水土保持工程，应挖直径1.5~2米、深1.2~1.5米的定植大穴，穴内可先填入秸秆、枯枝落叶等有机物，再回填表土和有机肥。

第二节　主要管理技术

一、土肥水管理

（一）土壤管理

板栗园土壤管理的任务主要是翻地改土、中耕除草、合理间作、保持水土等。

（二）施肥管理

1. 施足基肥

一般在秋季采果后，结合深翻改良土壤时一并施入，以有机肥为主。树势中庸、肥力中等、结果较多的树，亩施腐熟农家肥2 000千克左右，硫基复合肥1.0~1.5千克/株。施肥方法主要有放射状沟施、环状沟施和条状沟施。

2. 合理追肥

（1）花前肥。一般在萌芽前后，以氮肥为主，可施入高氮复合肥0.3~0.5千克/株，可以促进发叶抽梢、开花结果，提高坐果率和产量。

（2）壮果肥。在花后果实膨大初期进行，施入高钾复合肥0.5~1千克/株，可促进果实膨大，提高产量和果实品质。

此外，在生长期的5—7月，应结合病虫防治喷施农药，加入锰、镁元素混喷，补充微肥。以延长叶片功能期，提高坚果单粒重，增加果实营养物质的积累，从而提高果品的商品价值。

（三）水分管理

1. 灌水时期

板栗树在一年中无论是生长期还是休眠期都不能缺水，尤其是从萌芽到果实成熟期间，即4—10月的需水量大。栗园灌水时间要根据干旱情况和土壤的含水量而定，灌水时间主要以7—8月最重要。

2. 灌水量

灌水量要根据树冠大小、结果多少、灌水方法、土壤性质、干旱时间长短等不同情况而定。①树冠大、结果多需多浇水；②沟灌比穴灌用水量大；③砂土比黏土灌水少；④干旱时间较长可适当多浇。总之灌水量以渗透根系分布最多的土层为准。

3. 灌水方法

（1）沟灌。其方法是在栗园行间顺树的行间挖深20~25厘米、宽30~40厘米的条沟（可兼作排水沟），灌水时以灌满沟为准，如果是坡地可分段沟灌，待水渗透后即可。

（2）穴灌。在树冠投影外缘内挖长50厘米、宽30厘米、深25厘米的灌水穴2~4个，根据树冠大小调整穴的个数，挖好穴，灌满水，待水全部渗透后用树叶、稻草将穴进行覆盖，以利于下次浇水和保潮。

二、整形修剪

（一）常用树形

可采用疏散分层形、开心形、变则主干形等。其中变则主干形干高70~100厘米，主枝4个，均匀分布在4个方向，层距60厘米左右，主枝角度大于45°，每一主枝上有侧枝2个，第一侧枝距主枝基部1米左右，第二侧枝着生在第一侧枝的对侧，距第一侧枝 40~50 厘米，完成树形后树高 4~5 米。

（二）不同年龄时期修剪技术

幼树以整形培养树冠为主，对生长量过大的枝条，当新梢长到 30 厘米时进行夏季摘心，促生分枝，投产前一年达到树冠紧凑呈半圆头形，树形开张。枝条先端的三叉枝、四叉枝或轮生枝通过抹芽疏枝处理，或用“疏一截一缓二”的方法进行处理。为控制极性生长，应注意疏直留斜，疏上留下，疏强留中。及早疏除徒长枝、过密枝及病虫枝，其余枝条尽量保留。

结果期树修剪的任务是充分利用空间，增加结果部位，保证内膛通风透光。具体应根据树势短截弱枝，培养健壮的更新枝，及时控制强旺枝，疏除过密枝、纤细枝和雄花枝。

三、花果管理

（一）防止空苞技术

空苞就是板栗总苞中没有果实。一般减少空苞的措施如下。

（1）选配好授粉树，并辅以必要的人工授粉。要求授粉树所占比例不低于 10%。

（2）施硼肥。每隔 4~5 年施 1 次硼肥。在板栗盛花期喷洒 0.1%~0.2%的硼酸（硼砂）加 0.3%尿素溶液，也可以于开花前株施 0.25 千克硼砂。春旱及时灌水或进行地面覆盖，减少土壤对硼的固定，可相对增加土壤速效硼含量。

（3）去雄疏蓬。

（4）加强综合管理。

（二）人工授粉

板栗花期长，从 6 月上旬至 6 月下旬，开花授粉时期可持续 20 天，对人工授粉极为有利。应选择品质优良、大粒、成熟期早、涩皮易剥的品种作授粉树。当一个枝上的雄花序或雄花序上大部分花簇的花药刚刚由青变黄时，在早晨5：00前采集雄花序制备花粉。当一个总苞中3个雌花的多裂性柱头完全伸出并反卷变黄时，用毛笔或带橡皮头的铅笔，蘸花粉点在反卷的柱头上。也可采用纱布袋抖撒法或喷粉法进行授粉。

（三）去雄和疏蓬

板栗的雄花和雌花的花朵数比为3 000：1，试验证明，留5%～10%的雄花序即足够自然授粉之用。时间宁早勿晚，在雄花序长到1～2厘米时，保留新梢最顶端4～5个雄花序，其余全部疏除。人工去雄不但节约树体养分，并可促进正在分化的雌花的发育，利于增产。

疏蓬越早越好，疏除有病虫为害、过密、瘦小的幼蓬，一般每个节上只保留1个蓬，30厘米的结果枝可以保留2～3个蓬，20厘米的结果枝可以保留1～2个蓬。

此外，生产上还常采用疏除母枝多余芽、果前梢摘心、短截粗壮枝、短截摘心轮痕处（特别是在3月下旬至4月上旬芽萌动时短截），或4月中旬喷50毫克/千克赤霉素等对促进雌花的发育形成，均有良好或一定的作用。

第三节　病虫害绿色防控技术

一、板栗主要病害

（一）板栗疫病

也叫干枯病、溃疡病、腐烂病、胴枯病，是一种世界性的板栗枝干重要病害，同时也可为害刺苞和根系。

1. 识别与诊断

主要为害主干及主枝，少数在枝梢上也有为害。发病初期，在主干或枝条上出现圆形或不规则的水渍状病斑，红褐色，组织松软，病斑微隆起，有时从病部流出黄褐色汁液，内部组织呈红褐色水渍状腐烂，有浓烈的酒糟味。待干燥后病部树皮纵裂，内部枯黄的组织暴露。发病后期，病部失水，干缩凹陷。

2. 防治方法

选育抗病品种，从丰产性能好的良种中筛选抗病品种。消灭病源，刨死树，除病枝，刮病斑，集中烧毁。减少发病诱因和侵染入口，避免机械损伤，伤口涂石硫合剂、波尔多液予以保护。防治虫害。树干涂白防日灼。高寒地区树干培土或绑草保温，解冻后及时解除。加强检疫。病斑涂药，涂前先刮去病部被侵害的组织，用毛刷涂抹4%嘧啶核苷类抗菌素水剂10倍液。4月上旬开始，每半个月涂1次，共涂3次。

（二）板栗锈病

也叫板栗叶锈病。

1. 识别与诊断

只为害栗树叶片。初期叶背散生淡黄绿色小点，叶正面相对部位呈褪绿色小点，后在叶背面产生黄色或褐色泡状锈斑，为锈孢子堆。表皮破裂后散出黄粉，为病菌的夏孢子堆和夏孢子。秋季落叶前在病斑背面产生蜡质状褐色斑点，不破裂，为病菌的冬孢子堆。严重时在栗果近成熟时，可导致大量落叶，影响产量和品质。

2. 防治方法

（1）清园。冬季剪除病枝，扫除落叶，集中烧毁或深埋，减少病源。

（2）药剂防治。板栗萌芽前可喷1次3波美度石硫合剂，或用1：1：100倍波尔多液。发病前可用1：1：160倍波尔多液，或用50%多菌灵可湿性粉剂600~800倍液等药剂喷雾防治。

（三）板栗叶枯病

也叫枯叶病。

1. 识别与诊断

叶片染病，在叶脉间或叶缘、叶尖处产生圆形至不规则形病斑。病斑浅褐色至灰褐色，边缘色深，外围具黄色晕圈，分界明显。分生孢子器成熟后病部产生很多黑色小粒点，即病菌分生孢子器。随后病斑迅速扩大，不规则大面积干枯，由叶尖开始大面积枯死，可达叶片的1/2。9月中下旬开始大量落叶，10月中下旬导致二次萌芽抽梢，新萌发枝梢冬季枯死，极易诱发板栗疫病，并引起树体整株死亡。

2. 防治方法

（1）加强栽培管理。精心养护，适时施肥浇水，土壤贫瘠地块要培肥地力，增强树势。

（2）清园。发现病落叶及时清除，减少初侵染源。

（3）药剂防治。萌芽前可喷3波美度石硫合剂1次，或用1：1：100倍的波尔多液。发病前可喷1：1：160倍波尔多液，或用50%多菌灵可湿性粉剂600~800倍液。

二、板栗主要虫害

（一）栗红蜘蛛（针叶小爪螨）

1. 识别与诊断

叶片被害后，失绿部分不能恢复，叶功能减弱，甚至丧失，造成当年减产，殃及翌年的植株生长和雌花形成。

2. 防治方法

萌动期刮去粗老皮后，全树喷5波美度的石硫合剂。重点喷1年生枝条和粗老皮及缝隙处。一般可控制全年为害。5月中旬越冬孵化盛期用5%氟虫脲乳油40倍液涂抹树干。其方法是：先在树干的中下部环状刮去15厘米左右宽的表皮，露出嫩皮，然后涂药两遍，再用塑料薄膜内衬纸包扎。有效控制期约50天。5月下旬用0.3波美度的石硫合剂做全树喷雾，重点喷叶片。保护食天敌，如草蛉、食螨瓢虫、蓟马、小黑花蝽等，利用天敌灭虫。

（二）栗瘤蜂（栗瘿蜂）

1. 识别与诊断

幼虫主要为害新梢，春季寄主芽萌发时，被害芽逐渐膨大而成虫瘿，有时在瘿瘤上着生有畸形小叶。

2. 防治方法

一是注意识别长尾小蜂寄生瘤，冬春修剪树体时要加以保护，或收集移挂于虫害较重的树上放飞；二是4月摘除树上瘤体，冬春修剪时，疏除树冠内的弱枝群；三是化学防治，6月中旬成虫羽化盛期用80%敌敌畏乳剂1 500~2 000倍液，50%马拉硫磷乳剂1 000倍液，50%辛硫磷乳剂1 000倍液喷雾。

第十章　枣栽培与绿色防控技术

第一节　栽植技术

一、栽植密度

（一）平地枣园

纯林枣园：合理密植，亩栽110~330株，株行距为2米×3米、1.5米×3米、2米×2米、1米×3米、1米×2米。

枣粮间作园：行距为10~15米，株距3米；双行栽植时，两行内枣树间距为3~4米。

（二）山地枣园

坡度为5°~15°时，株距为3米，行距为4~5米，每公顷栽苗675~825株；坡度为15°~20°时，株距为3米，行距5~6米，每公顷栽苗555~675株；坡度为20°以上时，株距为3米，行距6~7米，每公顷栽苗480~555株。

梯田地埂栽枣树，地埂低于1.5米，枣树栽于里埂；地埂高于1.5米，枣树栽于外埂。梯田宽即为行距，株距以3米为宜。

二、授粉树配置

枣树的优良品种中，大多数能够自花授粉且正常结果。如金丝小枣、无核枣、婆枣、长红枣、圆铃枣、灵宝大枣、灰枣、板枣、壶瓶枣、晋枣、冬枣等品种自花结实能力强，可以单一品种栽植，不必配置授粉树。但异花授粉可以显著地提高坐果率，对增加果实产量是相当有益的。因此，即使是自花授粉较好的品种在定植时最好也选两个以上品种进行混栽，这样便于提高果品产量。在枣树品种当中，也有少量的几个品种因花粉不发育或发育不健全，或者自花不孕等原因，单一栽植授粉不良，必须配置相宜的授粉品种。如山东乐陵梨枣雄蕊发育不良，无花粉，需其他品种授粉方能结果。浙江义乌大枣常配置马枣，河北望都大枣需配置斑枣才能正常结果，赞皇大枣及南京枣也需配置花粉发育良好的授粉品种。

对授粉树的要求是：要与主栽品种开花期一致并能产生大量的发芽力强的花粉，最好能相互授粉。田间栽植时，授粉品种与主栽品种可以行间配置，也可株间配置，主栽与授粉品种的比例一般为（5~10）：1。

三、栽植方法

解开嫁接口塑料绳，用生根粉溶液浸泡枣树苗根系一天。枣树苗放入坑内填土，栽植深度比苗木原来的深度深 1~2 厘米，轻轻提苗，踏实土壤，埋土与原来深度一致。秋栽需埋土防寒。

密植园栽植方法：多采用长方形栽植，行距大于株距，既可通风透光，又便于田间管理。植株配置可分为单行密株、双行密株（三角形栽植），南北行，以利光照。

采用挖坑栽植，坑深 40~60 厘米，长、宽分别 40~60 厘米，一般每亩施有机肥 5 000~6 000 千克，过磷酸钙 100~120 千克，肥料施入须和土壤拌匀，以免烧坏根系。

第二节　主要管理技术

一、土肥水管理

（一）土壤管理

初冬季节进行耕翻，深度 15~30 厘米，在不伤根的前提下尽量深翻。北方干旱地区，每年可进行多次，如发芽前、入伏、立秋各翻 1 次，均须在墒情较好时进行。掏根是北方旱地栽培措施之一，通过深刨冠内树盘，切断表层根系。没有育苗任务的枣园，要及时清刨根蘖。我国枣区多实行清耕，每年需进行多次中耕除草，松土保墒。枣园可间作豆科绿肥、小麦、豆类、花生、油菜、薯类等。

（二）施肥

枣树要求施肥量比较大。100 千克鲜枣约施氮 1.5 千克、磷 1 千克、钾 1.3 千克，一般在果实采收后，立即施基肥，盛果期株施土杂肥 50~100 千克，加磷酸二铵或果树专用肥 0.5~1 千克，用放射沟施或全园沟施。

追肥全年进行 3~5 次，一般在发芽前、谢花后、果实迅速生长期施用，前期以氮肥为主，株施尿素 0.5~1 千克，后期多施磷钾肥，株施磷酸二铵 0.5~1 千克或果树专用肥 0.75~1 千克。结合喷药每年叶面施肥 2~4 次，花期和幼果树喷 0.3%的尿素，采果前喷 1 次 0.3%的磷酸二氢钾。

（三）灌水

北方枣区，生长前期正值少雨季节，萌芽前、开花前、开花期、幼果发育期注意灌水，花期和幼果迅速生长期灌水尤其重要。花期灌水，量不宜过大，根系分布层达到 70%即可，如果干旱期长，10~

15 天后可再灌 1 次。南方枣区，一般年份自然降水即能满足枣树生长和结果的需要，一般不需灌溉。但 7—8 月干旱的年份，则要及时灌水，以免果实生长受到抑制而减产。雨季注意排水防涝。

二、整形修剪

（一）整形

枣树干性强、层次分明的品种，如晋枣宜用主干疏层形和纺锤形；生长势较弱的品种，如长红枣、赞皇大枣等宜用自然半圆形和开心形。纯枣园干高 0.5~1.2 米，枣粮间作干高 1.2~1.6 米。主干疏层形主枝 8~9 个，分 3~4 层，开张角度 50°~60°，每主枝留 1~3 个侧枝，层间距 50~70 厘米。自然半圆形主枝 6~8 个，无层次，在中心干上错落排开，每主枝 2~3 个侧枝，树顶开张。自由纺锤形在中心干上均匀着生 10~14 个水平延伸的主枝，长度由下到上逐渐变短，树高 2.5 米以下，是密植枣树的理想树形。

（二）休眠期修剪

按照确定的树形进行整形，培养骨干枝。幼树要轻剪，避免造成徒长，随树龄增长，修剪量逐渐加重。扩大树冠时，对枣头短截，刺激主芽萌发形成新枣头。短截枣头时，剪口下的第一个二次枝必须疏除，否则主芽一般不萌发。疏去主、侧枝基部的直立枝和树冠顶部的直立枝，疏除不足 30 厘米、无力抽生二次枝或抽生极弱二次枝的枣头以及过密枝、交叉枝、重叠枝、病虫枝和干枯枝，改善通风透光条件，增强树势。缩剪多年生的细弱枝、冗长枝、下垂枝，抬高枝条角度，增强生长势。为刺激主芽的萌发，可在准备萌发枝条的芽上方刻伤或环剥。通过选留、刻芽和回缩等方法更新结果枝组。老弱树更新，根据更新程度的轻、中、重，分别回缩骨干枝长度的 1/3、1/2 和 2/3。

（三）生长期修剪

一般在发芽后到枣头停长前进行，主要是疏枝和摘心。春季、夏季枣股上萌发的新枣头，或枣头基部及树冠内萌发的新枣头，如果不利用均应及时疏除。枣头萌发后，生长很快，过多过密的，可于6月在枣头长度的1/3处短截。

三、花果管理

（一）保花保果

枣落花落果极为严重，提高坐果率除采用综合技术措施提高营养水平外，还应直接采取一些措施，调节营养分配，创造授粉受精的良好条件。

1. 环剥

亦称开甲。干粗在10厘米以上的盛果期树，在盛花初期天气晴朗时进行。密植树干径达5厘米即可开甲。剥口宽度0.3~0.6厘米。初开树在主干距地面20~30厘米处开第一刀，以后相距3~5厘米逐年上移。剥口处抹残效期长的胃毒剂或触杀剂农药，防治虫害。

2. 喷水

盛花期早、晚喷清水或用喷灌改变局部湿度条件。

3. 摘心

6月对枣头摘心，控制枣头生长，可提高坐果率。在枣头迅速生长高峰时期后的一个月，摘心效果更好。

4. 放蜂

花期放蜂，可增加授粉机会。

5. 喷植物生长调节剂和微量元素

盛花初期喷10~15毫克/千克赤霉素水溶液、硼砂等均可提高坐果率。

（二）疏花疏果

疏花疏果是在确保坐果的前提下，对花果量多的树，人工调整花果数量，合理负载，对提高枣果质量有显著作用。

疏花疏果一般在6月中下旬分2次进行，第1次在中旬（15日前），子房膨大后。按照适宜的负载量和合理的布局进行。一般树势强易坐果的品种，每1吊留2个幼果，其余全部疏除，反之每1吊留1个果。留果时要留顶花果。第2次在下旬（25日以后）进行定果。定果一般强树1果1吊，中庸树1果2吊，弱树1果3吊。如果坐果量不足，也允许每吊2果进行调节。

（三）果实着色

1. 摘叶

在枣果采收前30天左右，分期分批地摘除果实周围的贴果叶、遮光叶，提高光能利用率，使枣果浴光，促进果实增色。主要是针对大果型鲜食品种施行，但不可一次摘叶过多，以免果面受日灼。

2. 转枝

转枝可在摘叶后10天左右开始，分2~3次进行。目的是增加不同部位果实的着色度，达到全面均匀着色。

3. 铺银色反光膜

果实着色期，在树冠下的地面铺设银色反光膜，利用反射光增加树冠内的光照，使树冠内膛和下部的果实充分着色。一般情况下，在果实发育近成熟期要适当控水，不能使湿度过大，否则不利于枣果着色。

第三节　病虫害绿色防控技术

一、枣树主要病害

（一）枣炭疽病

1. 识别与诊断

可侵染叶片和果实。叶片受害后变黄绿色、早落，有的呈黑褐色、焦枯状悬挂在枝条上。果实发病后，最初出现淡黄色水渍状斑点，以后逐渐扩大成不规则形黄褐色斑块，中间产生圆形凹陷病斑，扩大后连片，呈红褐色，引起落果，早落的果实枣核变黑。在潮湿条件下，病斑上可长出许多黄褐色小突起及粉红色黏性物质。病果味苦，重者晒干后仅剩下果核和丝状物连接果皮，不堪食用。

2. 防治方法

（1）摘除残留枣吊，冬季深翻、掩埋。冬季和早春结合修剪剪除病虫枝及枯枝。

（2）合理施肥和间作，增强树势，提高抗病能力。

（3）采用烘干或沸水浸烫处理，杀死枣果表面病菌后再晾晒制干。

（4）6 月下旬始树冠喷施 300 倍多量式波尔多液、70%甲基硫菌灵可湿性粉剂 800 倍液、50%多菌灵可湿性粉剂 700 倍液、75%百菌清 700 倍液等杀菌剂，连续喷 3~4 次，每次间隔 7~10 天。7 月下旬至 8 月中下旬喷倍量式波尔多液 200 倍液或 50%多菌灵可湿性粉剂 800 倍液，连续 3~4 次，每次间隔 10~15 天。9 月上中旬停止用药。

（二）枣疯病

1. 识别与诊断

枣疯病的症状表现是花器返祖，花梗伸长，萼片、花瓣、雄蕊变成小叶。春季枣树发芽后，患枣疯病的病树症状逐渐显现。枣树染病后，花柄变长，为正常花的 3~6 倍，主芽、隐芽和副芽萌生后变成节间很短的细弱丛生状枝，休眠期不脱落，残留树上。全树枝干上隐芽大量萌发，抽生黄绿细小的枝丛；树下萌生小叶丛枝状的根蘖；重病树一般不结果或结果很少，果实小、花脸、果内硬，不能食用。一般从局部枝条先发病，逐渐蔓延，其蔓延速度因品种和管理条件而异，一般枣树发病后小树 1~2 年，大树 5~6 年全树即死亡。

2. 防治方法

目前对枣疯病的防治尚无行之有效的方法，但根据现有的经验，提出以下几项措施供参考。

(1) 健株育苗。选用无病或抗病苗木和接穗。严禁在枣疯病区刨根蘖苗和采集接穗，以免苗木和接穗带菌进行传播。要培育无病苗。在苗圃中一旦发现病苗，应立即拔掉烧毁。

(2) 及时清除病枝、病树和病苗。一旦发现整株的病株，应立即连根刨除，铲除病源，控制蔓延。刨除病树后可在原处补种无病苗，因土壤不能传染枣疯病，新栽植树不会感染，这是防治枣疯病最有效的方法之一。

(3) 减少或消灭传毒媒介。有可能的条件下，消除枣园附近的杂草，注意枣园卫生，以减少传毒媒介昆虫的发生及越冬场所。同时结合喷药治虫，切断传播途径。叶蝉在病树吸食后到无病树上取食即可传病。枣树发芽后结合防治其他害虫喷杀虫剂可杀死叶蝉。同时枣园不宜间作芝麻，枣园附近不宜栽种松树、柏树和泡桐，10 月叶蝉向松、柏转移之后至春季叶蝉向枣树转移之前，向松、柏集中喷杀虫剂，以降低虫口基数，减少侵染概率。进行合理的环状剥皮，阻止类菌原体在植物体内的运行。

(4) 加强管理，增强树势，提高树体抗病能力。实践证明，荒芜的枣园枣疯病严重，加强枣园综合管理，可有效地减轻枣疯病为害。

(三) 枣锈病

1. 识别与诊断

主要为害叶片，发病初期叶背面散生淡绿色小点，后渐变为暗黄褐色不规则突起，即病菌的夏孢子堆，直径 0.5 毫米左右，多发生于叶脉两侧、叶片尖端或基部，叶片边缘和侧脉易凝集水滴的部位也见发病，有时夏孢子堆密集在叶脉两侧连成条状。后期，叶面与夏孢子堆相对的位置，出现具不规则边缘的绿色小点，叶面呈花状，后渐变为灰色，失去光泽，枣果近成熟期即大量落叶。枣果未完全长成即失水皱缩或落果，甜味大减，产量大减或绝收，树体衰弱。落叶后于夏孢子堆边缘形成冬孢子堆，冬孢子堆小，黑色，稍突起，但不突破表皮。

2. 防治方法

（1）枣树越冬休眠期，彻底扫除病落叶，集中深埋或烧毁，消灭越冬菌源，清除初侵染源。

（2）加强栽培管理。枣园应合理修剪，疏除过密枝条，改善树冠内的通风透光条件；雨季及时排水，防止园内过于潮湿，以增强树势，减少发病。

（3）应以夏季降雨时间早晚、降雨频率和空气湿度等气候因素决定喷药时期。北方枣区在 6 月底或 7 月初、7 月中、7 月底或 8 月上旬各喷一次 1∶2∶（200~250）波尔多液，可预防该病发生。如天气干旱，可适当减少喷药次数或不喷；如果雨水较多，应增加喷药次数。还可用其他药剂防治，如 25%三唑酮可湿性粉剂 1 000~1500 倍液、50%甲基硫菌灵可湿性粉剂 1 000倍液、50%代森锰锌可湿性粉剂 500 倍液、50%多菌灵可湿性粉剂 800~1 000倍液。每隔 15 天喷 1 次，连喷 2 次。

（4）发病严重的枣园，可于 7 月上中旬喷 1 次 1∶（2~3）∶300 的波尔多液、30%碱式硫酸铜胶悬剂 400~500 倍液、20%萎锈灵乳油 400 倍液或 0. 3 波美度石硫合剂。必要时还可选用三唑酮、丙环唑等高效杀菌剂。

（四）枣轮纹烂果病

1. 识别与诊断

主要为害枣果。果实自白熟后期开始显现病症。最初果面上出现水渍状圆形小点，以后逐渐扩大，颜色转为黄褐色，表面略下陷呈圆形或椭圆形病斑，病部软腐状。后期表皮上长出很多近黑色的针点大小的突起，呈多层同心圆排列。

2. 防治方法

（1）加强综合管理，增强树势，提高抗病力。发病后及时清除病果，深埋，减少菌源。

（2）7月上中旬至8月下旬枣果喷施200倍多量式波尔多液、50%多菌灵可湿性粉剂800倍液或75%百菌清可湿性粉剂800倍液，每15天喷1次。也可喷施50%甲基硫菌灵可湿性粉剂800倍液，每隔10天喷1次，连喷3~4次。

（五）枣缩果病

1. 识别与诊断

主要为害枣果。一般在8—9月枣白熟期出现病症，发病初期，受害果多数先是肩部或少数胴部出现淡黄色斑，边缘较明显，然后逐渐扩大，成为土黄色或土褐色不规则的凹陷病斑，进而病斑处果肉呈土黄色，松软、萎缩，果柄暗黄色，遇雨天、雾天后病果在短时间内大量脱落；未脱落的病果后期病斑处微发黑、皱缩，病组织呈海绵状坏死，味苦，不堪食用。

2. 防治方法

（1）选育和利用抗病品种。

（2）加强枣树管理，增施农家肥料，增强树势，提高枣树自身的抗病能力。

（3）根据当年的气候条件，决定防治适期。一般年份可在7月底或8月初喷洒第1遍药，间隔7~10天后再喷洒1~2次药。药剂有50%琥胶肥酸铜600~800倍液等。

二、枣树主要虫害

(一) 食芽象甲

1. 识别与诊断

成虫食芽、叶，常将枣树嫩芽吃光，第2~3批芽才能长出枝叶来，削弱树势，推迟生育，降低产量与品质。幼虫生活在土中，为害植物地下组织。

2. 防治方法

(1) 春季成虫出土前在树干周围挖5厘米左右深的环状浅沟，在沟内撒5%甲萘威颗粒剂50克/株，毒杀出土成虫。成虫出土前，在树上绑一圈20厘米宽的塑料布，中间绑上浸有溴氰菊酯的草绳，将草绳上部的塑料布反卷，或者使用粘虫胶于树干中上部涂一个闭合粘胶环，阻止成虫上树。发芽期每隔10天撒粉1次，连撒3次效果较好。

(2) 早、晚振树捕杀成虫，树下要铺塑料布以便收集成虫。

(3) 结合枣尺蠖的防治，于树干基部绑塑料薄膜带，下部周围用土压实，干周地面喷洒药液或撒粉，对两种虫态均有效。

(4) 成虫发生盛期，常用药剂为50%辛硫磷乳油2 000倍液、2.5%溴氰菊酯乳油4 000倍液、20%氰戊菊酯乳油4 000倍液、2.5%高效氯氟氰菊酯乳油5 000倍液。

(5) 结合防治地下害虫进行药剂处理土壤，毒杀幼虫有一定效果，以秋季进行处理为好，可用5%辛硫磷颗粒剂、4%二嗪磷粉剂等，每亩用药2.0~3.5千克。

(二) 枣尺蠖

1. 识别与诊断

以幼虫为害幼芽、叶片，到后期转食花蕾，常将叶片吃成大大小小的缺刻，严重发生时可将枣树叶片食光，使枣树大幅度减产或绝产，是我国各枣产区的主要害虫之一。

2. 防治方法

（1）农业防治。在2月下旬至3月上旬前，在树干上缠绕塑料薄膜或纸裙，阻止雌蛾上树交尾和产卵，并于每天早晨或者傍晚逐树捉蛾。由于树干缠裙，雌蛾不能上树，便多集中在裙下的树皮缝内产卵。因此，可定期刮除虫卵，或在裙下捆绑两圈草绳诱集雌蛾产卵，每过10天左右换1次草绳，将其烧毁。

（2）药物防治。根据枣尺蠖的特性及为害规律，可分两次用药防治。第1次用药在枣芽长到3厘米左右时，喷施1.3%苦参碱水剂1 000~2 000倍液、1.8%阿维菌素2 000~3 000倍液或25%灭幼脲悬浮剂1 500~2 500倍液。

（3）生物防治。保护天敌，降低虫口密度。

（三）枣瘿蚊

1. 识别与诊断

以幼虫吸食枣树嫩芽和嫩叶的汁液，并刺激叶肉组织，使受害叶向叶面纵卷呈筒状，被害部位由绿变为紫红，质硬发脆，后变黑枯萎。枣苗和幼树枝叶生长期长，受害较重。

2. 防治方法

（1）在老熟幼虫结茧越冬后，翻挖树盘消灭越冬成虫或蛹。

沙枣木虱分布区域为甘肃、宁夏、陕西、内蒙古、新疆等西北地区，不是普遍发生害虫。叶蝉或蝽等普遍发生的害虫。

（2）枣芽萌动期，树下地面喷洒25%辛硫磷微胶囊剂200~300倍液，用药后轻耙，毒杀越冬出土害虫。发芽展叶期，在树上可选择喷施25%灭幼脲悬浮剂1 000~1 500倍液、10%氯氰菊酯乳油2 000~3 000倍液、2.5%溴氰菊酯乳油2 000~4 000倍液、25%噻嗪酮悬浮剂1 500~2 000倍液。

第十一章　芒果栽培与绿色防控技术

第一节　栽植技术

一、植穴的准备

植穴的规格可按不同的土质分别对待。土层深厚、土质疏松的土壤，植穴可浅挖，土势较低的甚至可用墩式种植；如果在黏质泥土或浅层有硬砾的土壤上种植，则必须挖穴种植，一般穴的大小为1米×1米×0.7米（长×宽×深）左右。回填土时应先将杂草放在穴底，表土和底土分别与等量的腐熟有机质肥料混合填回。每植穴需肥料为有机肥25~30千克，石灰1千克，磷肥1~1.5千克。回填土面应高于地面20~30厘米，等植穴中的有机肥腐熟及土壤下沉稳定后方可进行定植。

二、种植的规格

芒果是一种速生快长的高大乔木果树，枝条生长迅速，树冠形成很快，种下四年生的芒果，其树冠的覆盖幅度已达6.5平方米，亩植50株的，六年生基本全部封行。因此，在建园时就应该从经济栽培的角度考虑种植的规格，种得太疏会影响早期单位面积的产量，浪费空间；种得过密又会引起早期郁闭，不利于通风透光，易滋生病虫害，影响产量及品质，并增加管理上的困难。所以，既要使果品的产量高，品质好，又能使管理方便，种植的规格就应建立在经济栽培的基础上。按不同的品种采用不同的种植规格，而以亩植 40 株为基础，即 5 米×3.3 米（行距×株距）较为适宜。

三、品种的布局

品种选择直接关系到芒果商品生产的成败，在选择时不但要考虑到果品的品质及市场适销程度，更重要的是所选择的品种是否能适合本地区的生态条件，种植后能否稳定地获得产量。同时还要考虑早、中、迟熟种的搭配。

四、定植的方法

一般芒果种植期以春季为宜，当寒潮已过、气温明显回升、空气湿度大、果苗新芽尚未吐露时栽种，成活率高（3—5 月种植最适宜)。秋植气温高，容易发梢，但较干旱，日照又强，蒸腾量大，应选择有秋雨的时候种植，才能提高成活率。

移植的芒果苗有带土的和裸根的两种。带土苗易成活，恢复生长较快；裸根苗如果注意起苗质量，根系蘸好泥浆，在运输途中保持根部湿润，定植后加强淋水管理，成活率仍会是很高的。无论是哪一种苗，种植时都应将每片叶片剪除 2/3，以减少水分蒸腾，保持地上部和地下部的生理平衡，有利于成活。定植时应把苗放在植穴中间，注意不要弄破带土苗的泥球，在泥球周围培上细土，培土深度以培至根颈为宜。定植后要淋足定根水，以后视天气情况而确定淋水次数。在天气晴朗的情况下，每隔 2~3 天淋水 1 次，保持土壤湿润，直至植株恢复正常生长为止。

第二节　主要管理技术

一、土肥水管理

（一）土壤管理

1. 扩穴改土

结合施肥，栽植后每 1~2 年起，每年秋季，在树冠两侧（每年交替在行间株间）挖条状环沟压青扩穴改土。施用有机肥 1 次，株施腐熟有机肥 25~40 千克及 0.5~1 千克钙镁磷肥。

2. 间作、覆盖与中耕除草

为减少土壤水分蒸发，幼树时进行间作及中耕除草覆盖树盘。

（二）施肥管理

1. 定植基肥

每株施腐熟优质有机肥 25~30 千克，配合磷肥 0.5 千克，石灰 0.25 千克。

2. 幼树追肥

幼树定植成活后应及时追肥，一年施 5~6 次。每次抽梢后都追肥 1 次，植后前 2 年，每次每株施人粪尿水肥 5 千克，随着树龄增加，施肥量逐渐增大，每株每次施人粪尿水肥 10 千克。

3. 结果树追肥

（1）果后肥。芒果结果后，果树经过结果和不断抽梢，消耗了体内的大量养分。另外采果前后树体内养分含量降到最低值，如果不及时补充，树势很快衰弱，迟迟不能抽梢，抽梢少、枝短、叶小，导致隔年结果或少结果的大小年现象。这次施肥以有机肥为主，配合速效肥料，施用量为全年总量的60%~80%。同时，结合控制杂草压青，每株施厩肥（农家肥）50~60千克，磷肥0.5~1千克，在采果末期，结合修剪时及时追肥。

（2）催花肥。在10—11月初花芽分化期，追施催花肥促进花芽分化，株施用花生饼（或豆饼）1~2千克，缺磷土壤适当补施磷肥。

（3）壮花期。芒果树开花量大，养分消耗多，要求花期追施1次速效有机肥，若催花肥用量充足，植株生长旺盛，这次肥可不施。

（4）壮果肥。谢花后30天左右果实迅速生长发育期，每株追施厩肥（猪、牛、鸡粪）15千克，以平衡果实生长发育和抽梢生长对养分的竞争，促进坐果、壮果。

（三）水分管理

芒果各生育时期对水分有不同的要求，需要水分的关键时期是在果实膨大期和秋梢抽发期。在小果膨大期间，一般年份华南地区雨量较充足，则不需要灌溉。但在果实发育的中期，往往会由于高温骤雨，招致裂果和落果，这个时期应注意适当灌溉，经常保持湿润，防止因土壤干湿变化过剧，带来产量损失。在果实发育后期至采收前需要有较干燥的环境，这样有利于提高果实的品质和商品价值。

二、整形修剪

（一）幼龄树整形修剪

幼树整形修剪原则上采取轻剪，加速生长，加快分枝，尽快扩大树冠，提早成形。修剪方法主要在生长季节采取摘心、短剪及撑、拉、吊等措施改变枝条位置。

（二）结果树修剪

进入结果期的芒果树，必须剪除影响主枝生长的辅助枝，着生位置不当的重叠枝，交叉枝以及病虫枝控制徒长枝，剪掉过旺枝，促进有效分枝，以增加结果末级梢数和叶面积。

三、花果管理

（一）花期管理

1. 疏花疏叶

在芒果花序刚开始伸长时或者在心叶暂时没有全部展开前，对于带叶花穗上的那些小叶片，只留下叶柄即可。在芒果花序长到6~8厘米时，应当根据果树的长势和墒情，及时疏除果树上那些发育不良、生长过密以及个小瘦弱的花序，以减少养分消耗，节省养分的有效供应。

2. 引蝇授粉

在芒果花期时，可以把果树行间挖土坑，在坑内倒入稀稠的动物粪便或者在树体上悬挂烂肉、死鱼等，以此来吸引苍蝇促进授粉，但注意在果树谢花后要及时灭杀苍蝇。

3. 摇枝落花

芒果花期时，如果遇到空气湿度比较大或者持续阴雨天气时，花瓣容易粘连不易脱落，所以可适当摇晃花枝、促进落花。

（二）果期管理

谢花后至果实发育期，剪除不挂果的花枝以及妨碍果实生长的枝叶；剪除幼果期抽出的春梢、夏梢。谢花后15~30天内，每个花序保留2~4个果，把畸形果、病虫果、过密果疏除。

（三）果实套袋

果实套袋可以起到防止害虫侵害、减少病害感染、降低机械损伤、提高果实品质的作用。当果实生长至鸡蛋大小时，就可以进行套袋。套袋前要进行一次喷药防护，应该是当天喷过药的树当天套袋完毕，以避免病菌再度侵染。

第三节 病虫害绿色防控技术

一、芒果主要病害

（一）芒果炭疽病

1. 识别与诊断

主要为害芒果嫩梢、花穗及果实。

受害部分常出现棕黑色的斑点或斑块，在病部常看到粉红色的孢子。严重时造成落叶、枯梢、烂果、落果。

2. 防治方法

采用药物防治：用25%代森锰锌400倍液喷雾有良好的防治效果。

（二）流胶病

1. 识别与诊断

主要为害芒果枝、茎，引起枝茎流胶，皮层坏死、变形，直至枯死。

2. 防治方法

剪除枯枝，集中烧毁，对刚发病的枝条用刀削开病部涂上75%甲基硫菌灵可湿性粉剂100倍液，或者1∶1∶100波尔多液树干涂白，均有一定的疗效。

（三）白粉病

1. 识别与诊断

多发生于芒果开花结果期，也为害嫩梢而导致落花、嫩叶脱落。

2. 防治方法

较常用的杀菌剂有0.3~0.4波美度的石硫合剂、20%三唑酮

1 500倍液、40%多·硫胶悬剂 400~600 倍液等，每隔 10~12 天喷 1 次，共喷 2 次。

(四) 灰斑病

1. 识别与诊断

多发生于老叶，在叶缘发生不规则病斑，严重时导致叶片全落。

2. 防治方法

常用杀菌剂有 70%百菌清可湿性粉剂 500~1 000倍液。

二、芒果主要害虫

(一) 芒果钻心虫

1. 识别与诊断

主要蛀食芒果嫩梢及花序，导致枯梢、枯序，影响生长与开花。

2. 防治方法

应时常清理干枯树枝，剪除枯梢、枯枝并烧毁。清除树干粗皮或在芒果的枝干基部捆绑稻草，诱导其上树产卵化蛹，每 8~10 天处理 1 次。冬季刷净树皮裂缝，树干及主枝涂以 3∶10 的石灰水。在果梢或叶梢萌动时喷药，间隔 10 天喷 1 次，连续防治 3~4 次。

(二) 芒果扁喙叶蝉

1. 识别与诊断

主要为害花穗、幼果和叶片，导致落花落果，并诱发严重的煤烟病。

2. 防治方法

主要杀虫剂有 50%异丙威 1 000~1 500倍液、2.5%高效氟氯氰菊酯乳油 1 500~2 000倍液。在花序伸长期喷 1~2 次即可。

(三) 脊胸天牛

1. 识别与诊断

其幼虫蛀食老熟枝条的木质部，造成枝条空心、干枯，严重威胁芒果生长。

2. 防治方法

主要用100倍的敌敌畏稀释液注入蛀孔口后封住即可。

第十二章　荔枝栽培与绿色防控技术

第一节　栽植技术

一、品种配置

荔枝品种，应选择符合当地的气候土壤条件，优质、高产、稳产、抗逆性强、商品性好、适合市场需求的品种。另外，搭配种植一定数量的授粉树，因荔枝是雌雄异花果树，且雌雄花异熟，不同时开放，故授粉成果率比龙眼低很多。

二、栽植方法

1. 种苗

应选经过嫁接的一年生苗或高压苗，发育生长良好，根系发达者的壮苗。

2. 定植时间

一般在春季进行，此时气温回升快，雨水充足，生长快，成活率高。

3. 种植密度

山地果园以每亩 20～25 株为宜。也可考虑矮化密植栽培，但技术要求较高。

4. 挖大穴，下足基肥

对在丘陵地上开垦建果园的，按种植的行间距规格，开成等高梯田带或等高壕沟。然而按选定的株距定点挖种植穴，穴的规格为长宽深各 1 米，并每个坑施 40 千克沤制腐熟的有机肥作基肥。

5. 定植

定植时，一手拿苗，一手轻轻回细土，盖至根部上 2 厘米左右，淋足定根水，接下来继续回泥，并在高出地面 10 厘米左右时，再盖上茅草保湿，苗旁立支柱，防止风吹摇松苗造成死苗，定植后晴朗的天气每隔 3 天淋一次水，遇雨天注意排水防渍，30 天后检查成活情况并及时补种。

第二节　主要管理技术

一、土肥水管理

（一）土壤管理

1. 深翻改土

幼龄结果时期还未完成深翻改土的果园要继续做好深翻改土工作。在树冠滴水线外围开深约 60 厘米、宽约 50 厘米的条状沟，分层埋入农家肥、杂草、绿肥等。

2. 培土

对严重露根的荔枝树、水土流失较严重的丘陵山地荔枝园，培土更加重要。培土时间主要安排在冬季结合清园时进行，也可安排在采果后进行。

（二）施肥管理

荔枝幼年树施肥在定植后一个月便可以进行，在每次新梢抽生之时还要继续施肥，施肥量随荔枝树年龄的增加而增多。因为幼年树的荔枝根系较少，因此需要进行叶面追肥，来补充枝干营养。结果树的荔枝一年要施 1 次基肥和 3~4 次追肥。基肥一般在果实采摘后进行，追肥在开花前、第二次生理落果后和采果前，其中开花期后施肥需要配合叶面肥，一般膨果期叶面肥用金泰靓叶面肥，可促进果实膨大。

（三）水分管理

荔枝秋梢抽生期、花穗抽生期、盛花期、果实生长发育期，对水分需求大，此时如遇干旱应及时灌水。保持土壤湿润，灌水量达到田间最大持水量的 60%~70%。除地面灌溉外，尽量采用滴灌、穴灌、喷灌等节水灌溉方法。12 月花芽分化进入到形态时，要求有适度的水分供应，以利营养的转化，促进花芽分化和花穗的发育。一般中迟熟品种在 1—2 月土壤过分干燥时淋水 1~3 次。夏季雨水较多的季节，对于地势低洼或地下水位较高的园地，应清理果园的排水沟渠，及时排出园内多余积水。

二、整形修剪

（一）常用树形

荔枝丰产型的树冠多为半圆球形或圆锥形，种植要培养矮干，方便管理，也方便养分的集中供应。修枝每年冬季进行一次为宜，主要修剪交叉枝、过密枝、弱小枝。幼树修剪要树冠均衡。修剪树干要在春季萌芽前完成。

（二）修剪方法

荔枝修剪主要包括采果后修剪和抽梢期修剪。

采果后修剪时间一般在采果后 7~15 天进行。主要剪除过密枝、阴枝、弱枝、重叠枝、下垂枝、病虫枝、落花落果枝、枯枝等，短截长枝，尽量保留阳枝、强壮枝及生长良好的水平枝；对位置较好且有一定空间的侧枝则适当短截。常年的修剪量多剪至上年结果母枝的中下部，修剪后枝条一般保留 25~30 厘米长度，必要时可剪至2~3年生枝。对生长过旺的枝条，可在枝条基部环割，对衰老大枝可适当回缩。

抽梢期修剪采用除萌、摘心等方法，疏除过密、过多、弱小的枝芽；过长的枝条采用摘心等方法，一般在新梢5~10厘米时进行，要求粗壮枝保留2~3条梢，中小枝保留1~2条梢，末次秋梢保留1条梢。冬季花芽分化期（花芽形成期）不宜进行修剪，以免刺激冬梢的发生，对花芽形成不利。由于不同品种枝梢生长特性不同，因此修剪方法也不完全相同。例如，妃子笑等品种枝条较为稀疏，发枝力强，采果后以回缩修剪为主；糯米糍等枝条密集，采果后的修剪应以疏剪为主，适当回缩修剪。修剪掉的枝叶及时带出果园集中处理，以减少虫源、病源。

三、花果管理

（一）控梢促花

秋梢老熟后，在树干光滑处环割深达木质部，割缝宽1.5毫米左右，树势弱的环割1圈，树势强的可环割2~3圈，然后涂抹"促花王2号"，防止冬梢抽发，控梢促花，提高果实产量，根除大小年。

（二）荔枝授粉

阴雨天气荔枝授粉难度较大，因此需要借助人工授粉，以此来实现坐果率的提升。另外，荔枝花期较集中，雌花盛开时间短，流蜜量较大，花期果园也可通过放蜂来促进授粉，注意花期放蜂时要停止喷施农药，以确保蜜蜂的安全。

（三）保花保果

在开花前、幼果期、果实膨大期各喷一次"壮果蒂灵"，增大营养输送导管，保花保果防裂果，提高果实坐果率。在采果前35~40天，剪去果穗中的叶片、病虫枝、病虫果、枯枝，喷施低残留或生物农药后用专用套果袋套果。

第三节　病虫害绿色防控技术

一、荔枝主要病害

（一）霜疫霉病

1. 识别与诊断

荔枝果实在半成熟期容易发生霜疫霉病，会导致果蒂出现褐色不规则病斑，后期严重时，荔枝果实完全腐烂，失去其食用价值。

2. 防治方法

发生病害后，及时清除病果，腐果的树枝树叶一并清理修剪置于焚烧处，以减少病源，荔枝在没有进入成熟期前，使用58%甲霜锰锌可湿性粉剂或77%氢氧化铜可湿性粉剂等常用药剂喷洒树冠，能够起到不错的防治效果。

（二）毛毡病

1. 识别与诊断

毛毡病是由荔枝瘿螨的成螨、若螨吸食荔枝嫩枝、嫩茎及花穗等而引起的症状，导致受害部位畸变，形成毛瘿。被害叶片背部凹陷处生无色透明稀疏小绒毛，随着为害加重，后期绒毛增多变褐色，最后为深褐色形似毛毡状，并扭曲不平。

2. 防治方法

推荐药剂：240 克/升螺螨酯悬浮剂 4 000~5 000倍液、110 克/升乙螨唑悬浮剂 3 000~4 000 倍液、1.8%阿维菌素乳油 2 000~3 000倍液、100 克/升联苯菊酯乳油 1 000~2 000倍液喷雾。

二、荔枝主要虫害

（一）荔枝蛀蒂虫

1. 识别与诊断

荔枝蛀蒂虫又称荔枝蒂蛀虫、爻纹细蛾，以幼虫在果蒂与果核之间蛀食，导致落果，为害近成熟果则出现大量“虫粪果”，严重影响荔枝品质和产量，同时也为害嫩茎、嫩叶和花穗。

2. 防治方法

（1）农业防治。收果前及时摘除销毁虫蛹叶片、收果后及时清园，并将剪除的枯枝落叶及病虫枝等清理干净。

（2）生物防治。保护天敌，如绒茧蜂、白茧蜂等；合理应用生物农药，如绿僵菌等生物农药等。

（3）物理防治。利用荔枝蛀蒂虫极度畏光的习性，可用光驱避法防控荔枝蛀蒂虫。即在荔枝果实膨大期至采收期通过夜间挂灯照亮果园中的荔枝树表面防治该虫。

（4）化学防治。推荐药剂：100 克/升联苯菊酯乳油 1 000~2 000倍液、25 克/升高效氯氟氰菊酯乳油+200 克/升氯虫苯甲酰胺悬浮剂（1：1）2 000~2 500倍液、4.5% 高效氯氰菊酯乳油（或其他菊酯类杀虫剂）+20% 除虫脲悬浮剂（1：1）1 000~1 500倍液。

（二）荔枝蝽

1. 识别与诊断

荔枝蝽又名臭蝽、臭屁虫，以若虫和成虫刺吸为害荔枝龙眼的嫩梢、花穗及幼果，导致落花、落果。其分泌的臭液可造成受害部位枯死、脱落。

2. 防治方法

（1）农业防治。合理修剪虫梢，冬季清园。

（2）人工防治。在冬春季节人工摇树，集中捕杀落地成虫；在成虫产卵期人工摘除卵块，捕捉若虫。

（3）生物防治。在荔枝蝽产卵盛期，用平腹小蜂防治荔枝蝽，将带有平腹小蜂卵的卵卡置于距地面 1 米的树冠内侧叶片上，每亩每次放卵卡 50~65 张，每 10 天放 1 次，连续 2~3 次。

（4）化学防治。可选择 25 克/升高效氯氟氰菊酯乳油 2 000~3 000倍液、10%醚菊酯悬浮剂 2 000~3 000倍液、2.5%溴氰菊酯乳油 1 000~2 000倍液、20%甲氰菊酯乳油 1 000~2 000倍液、4.5% 高效氯氰菊酯乳油 1 000~1 500倍液、50%噻虫胺水分散粒剂 1 000~2 000倍液、5%啶虫脒微乳剂 1 000~1 500倍液。

（三）尺蠖

1. 识别与诊断

主要以粗胫翠尺蛾、波纹黄尺蛾、大钩翅尺蛾、青尺蛾、油桐尺蛾等尺蛾科幼虫为害荔枝新抽嫩枝嫩叶，部分幼虫为害幼果，为害较重，是荔枝上常年普遍发生的一类害虫。

2. 防治方法

（1）农业防治。冬季清园，破坏尺蠖越冬场所，减少越冬虫源；因尺蠖喜食嫩叶，统一放梢，及时修剪枝梢，也可有效控制其为害。

（2）物理防治。利用尺蛾类成虫喜光特性，可用频振式杀虫灯等诱杀成虫。

（3）化学防治。低龄幼虫期为防治适期。可选择 200 克/升氯虫苯甲酰胺悬浮剂 3 000~4 000倍液、10%醚菊酯悬浮剂 2 000~3 000倍液、100 克/升联苯菊酯乳油 1 000~2 000倍液、4.5%高效氯氰菊酯乳油 1 000~1 500倍液、25 克/升高效氯氟氰菊酯乳油 1 000~1 500倍液、2.5%溴氰菊酯乳油 1 000~1 500倍液。

(四) 荔枝叶瘿蚊

1. 识别与诊断

荔枝叶瘿蚊以幼虫侵入荔枝嫩叶为害，引起叶片上下两面同时隆起成小瘤状虫瘿。严重时整个叶片布满虫瘿，明显抑制光合作用，引起叶片脱落，树势衰弱。

2. 防治方法

(1) 农业防治。合理修剪，保持果园通风透光；注意排水，降低果园湿度；合理施肥，促进各期新梢抽发整齐。

(2) 人工防治。剪除虫害枝梢，带出果园销毁，减少虫源。

(3) 化学防治。越冬幼虫入土化蛹前（2 月下旬至 3 月初）和成虫羽化出土期间（3 月下旬至 4 月上旬），可用 20%甲氰菊酯乳油 1 000~2 000倍液、2.5% 溴氰菊酯乳油 1 000~2 000倍液、4.5%高效氯氰菊酯乳油 1 000~2 000倍液、100 克/升联苯菊酯乳油 1 000~2 000倍液均匀喷雾于树冠、内膛及周边地表，尤其是潮湿之地、水池、水沟。

第十三章　龙眼栽培与绿色防控技术

第一节　栽植技术

一、品种选择

栽培品种的选择主要取决于市场的需求、品种在栽培地区的适应性和栽培技术水平等。

二、定植方法

1. 密度

龙眼种植不宜过密，以每亩 30～50 株为宜，且株行距 4.5 米×5 米、4 米×3 米。

2. 挖穴

定植穴的大小主要决定改土有机质肥的多少，应不小于长×宽×深为 0.8 米×0.8 米×0.6 米，填穴基肥主要有表土、杂草、塘泥和畜禽粪，可分层或混合回填穴，一般回填后沤 1～2 个月后再种植。

3. 选苗

选苗是一个重要的技术环节，要求品种纯正，植株生长健壮，叶色浓绿，须根发达，无病虫害。采接穗应选取树冠外围中上部、枝条老熟、生长充实且芽眼饱满的夏梢或秋梢。主干老化、叶片黄化的老残苗和生长过小的苗木不宜种植。

4. 定植

除了冬季不种植外，其他季节都可种植，一般以春季（春梢未抽出生长前）定植更好，定植深度以定植穴的松土下沉坐实后根颈低于地面 3~5 厘米为适宜，使土壤与根系充分接触，并淋足定根水，使土壤保持湿润。

第二节 主要管理技术

一、土肥水管理

（一）土壤管理

1. 中耕松土

每年进行果园中耕松土 3~4 次。第一次在 2—3 月。用锄浅松土一次，深 4.5~6 厘米，使土壤疏松，以利新根萌发；第二次在采果前后，浅松土一次，结合施肥，以促秋梢萌发；第三次在11月进行深翻土，用锄掘深 12~13 厘米，以切断一部分细根，适当抑制冬梢的萌发，以利花芽分化。

2. 杂草的管理

提倡龙眼园采用树盘清耕加覆盖、行间株间等有空间的地方采用定期人工刈割自然杂草或人工种植良性草的管理方法。

3. 深翻压青

一年四季均可以进行深翻压青工作，以夏、秋雨水充足，绿肥杂草较多时深翻压青效果最好。沿树冠滴水线挖深 40~50 厘米、宽 40~50 厘米的圆形沟或条形沟，每株压杂草或绿肥 20~25 千克，石灰、钙镁磷肥各 1 千克，土杂肥 20~30 千克，分层施下；覆土高出地面 20~25 厘米。

（二）施肥管理

1. 幼龄树施肥

一般幼龄树施肥应少量多次，薄肥轻施。刚定植的龙眼苗在新梢充实后即可施肥，以稀薄人粪尿为佳，稀的尿素溶液亦可，每月施 2~3 次，随着植株的生长逐渐增加浓度和施肥量，掌握在每次抽梢前施用。春梢萌发前应施一次有机肥作为基肥，秋梢萌发前适当加重氮肥，秋梢充实后宜增加磷、钾肥，减少氮肥比例。幼树发育的前几年以氮肥为主，后几年适当增加磷、钾肥的比例。

2. 成年树施肥

（1）花前肥。一般每亩施用高氮复合肥 20~30 千克（每株 1~2 千克），在 3 月中旬至 4 月上旬施用，宜早不宜迟。此期常遇高于 18℃的天气，应注意防止施用过量氮肥，而引起“冲梢”而影响产量。施肥时间在上年冬季和当年早春，遇到低温花穗抽发有困难的，则在 1 月下旬至 2 月初施一次促穗肥。

（2）壮果肥。一般施用高钾复合肥 20~30 千克（每株 1~2 千克），施肥时间可在生理落果后的 6 月上中旬，幼果黄豆大小时，根据树势及结果量进行追肥，假种皮迅速生长期的 7 月中旬可以视情况再施一次。

（3）采果肥。相当于基肥的作用，可分为采前肥和采后肥两种。根据龙眼的生长特性，应以采前肥为主，一般在采果前 10~15 天施用，每亩施用复合肥 20~30 千克（每株 1~2 千克）。对于当年挂果多、弱树、老树、采后抽梢有困难的，在采后再次施用高氮复合肥，促发秋梢。

（三）水分管理

龙眼对于水分的需求已比较敏感，如果遇到高温干旱的天气，尽可能使用多次少量的浇水方法，只要一直保持果园的土壤湿润就好。防止浇水太多出现积水等问题，容易导致烂根的情况发生。龙眼不同的生长时期对水分的需求不相同，在灌溉的时候水分不能太多，也不能太少，要根据天气情况以及龙眼的生长周期对水分进行供给。

二、整形修剪

(一) 常用树形

龙眼树常用树形为自然圆头形。一般在定植后 2~3 年内，主干 0.5~1 米，有 3~4 个主枝均匀分布以后，逐年修剪，增加分枝级数，最后形成圆头形树冠。

(二) 不同时期的修剪

1. 幼树修剪

栽种龙眼树之前，可将多余的枝叶剪掉，只留下主干即可，因为当幼树成活之后，又会长出新的枝芽，这时需要将长得过于杂乱和弱小的枝叶剪掉。

2. 培养母枝

母枝的培养就是为了提高龙眼的结果量，那么通常都是在原有的结果枝上面预留新的结果枝，因此称为母枝。而结果母枝一般都是选用最后一次老熟的秋梢，在龙眼采收后进行预留，并培育成壮枝。其次就是要将结果量少的结果枝进行剪除，合理地控制结果枝的数量，预留最佳的结果枝，保证龙眼的产量。

3. 春季修剪

春季修剪是龙眼树保持一个好树冠的必要修剪条件之一，春季修剪时要结合疏花疏果同时进行，轻剪为主。

4. 秋季修剪

秋季修剪主要是为了保持树形以及进行树冠的整形修剪。要将长势过于茂盛的枝条进行修剪，同时将树冠中长势较弱的树枝修剪掉，以及采完龙眼后的枝杈、病枝、虫枝、杂乱枝、密枝、老枝、枯枝等修剪掉，改善龙眼树的生长情况，同时增强树冠的通透性。

三、花果管理

（一）培育健壮花穗

一是促进花芽按时萌发生长。在正常年份，龙眼在1月下旬至2月初开始萌发花芽，是促进龙眼成花的关键技术措施之一。

二是控冬梢不宜过度；遇旱灌水；轻施水肥和喷叶面肥；喷复合植物细胞分裂素，春节前后喷施促萌发。

三是消除小叶对花穗形成的影响。在花穗生长发育期若出现小红叶，及时人工摘除或用100~150毫克/千克乙烯利脱小叶。

四是花穗生长发育期遇旱或受冻等因素停止生长，需及时采用灌水、施肥等方法促进花穗的生长发育。

五是在花穗长至20~25厘米现蕾时喷一次“龙眼丰产素”，培养短壮花穗，提高雌花比。

（二）授粉受精

放蜂和人工辅助授粉；花期遇雨，及时摇树防止“沤花”；花期遇旱，及时土壤灌水和叶面喷水保湿，保证正常授粉受精。

（三）疏花疏果

一般在3月中旬花穗发育刚完成至开花前进行疏花；在5月下旬至6月初小果发育至黄豆大小时疏果。

（1）疏去病穗、弱穗和生长不良的花穗，保留生长健壮的花穗，减少养分消耗，提高坐果率。

（2）树冠顶部多疏，中下部少疏，以防止树冠顶部挂果过多而通顶，造成夏日直射树干，削弱树势。

（3）去外留内，去主留副，折上留下。即把树冠外围的花、果穗多疏一些，保留较多树冠内围的花果，同一基枝上有两穗或多穗时，疏去主花穗，留副花穗，或疏去上部较长的花穗，保留下部短壮穗。

(4) 疏果时，应疏去坐果稀少的果穗，保留坐果多而紧凑的果穗，但如果单穗坐果过多则应适当疏去一些侧穗，适当减少单穗挂果量。

(四) 果穗套袋

果穗套袋有助于预防害虫和蝙蝠等对果实的伤害，使果实外皮光滑鲜黄、裂果减少，提高商品质量。试验证明，用塑料网纱袋套龙眼果穗，不但可以通风，还有一定遮光度，可降低中午果面温度0.2~1.5℃，减少幼果日灼的发生，起到防虫防蝙蝠的作用。

第三节　病虫害绿色防控技术

一、龙眼主要病害

(一) 藻斑病

1. 识别与诊断

龙眼藻斑病造成树势衰退，产量下降。龙眼树叶片的正面和背面均可发病，以正面居多。叶片上先出现点状病斑，灰白色至黄褐色，后向四周呈辐射状发展，形成圆形稍隆起的毡状斑，边缘不整齐，灰绿色或暗褐色，病斑表面有纤维状细纹，直径2~15毫米，后期色泽变深褐色，表面也较光滑。嫩枝受害病部出现红褐色毛状小梗，病斑长椭圆形，严重感染时枝梢干枯死亡。

2. 防治方法

(1) 加强龙眼树栽培管理，合理施肥，及时修剪，清除病枝、病叶，避免过度荫蔽，保持通风透光环境，提高植株抗性。

（2）在龙眼树长季节可喷洒0.5%~0.7%半量式波尔多液，也可在叶片上先喷洒2%尿素或2%氯化钾后，再喷络氨铜、松脂酸铜等铜素制剂效果最好。

（二）酸腐病

1. 识别与诊断

龙眼酸腐病多在果蒂部开始发病，发病初期病部发生褐色小斑，后期逐渐变暗呈褐色大斑，且腐烂。内部果肉发霉并有酸臭味。果皮硬化，外表披有白色霉状物，颜色呈暗褐色，有酸水流出。

2. 防治方法

（1）加强栽培管理，增施腐熟有机肥，合理灌溉，增强树势，提高树体抗病力。

（2）科学修剪，剪除病残枝及茂密枝，保持果园适当的温湿度，结合修剪，清理果园，将病果及落果及时清除，减少病原。

（3）注意防治荔枝蝽、果蛀虫等昆虫。

（4）适时采收，最好选择晴天进行采收，采收时注意避免果实受伤，发现有病果及时拣出，防止病健果接触传播。

（5）选择较抗病品种。

二、龙眼主要虫害

（一）龙眼瘿螨

1. 识别与诊断

龙眼瘿螨的成螨、若螨及幼螨均能取食为害龙眼的叶片，但只为害老熟的叶面组织，以口器刺入叶面细胞吸取汁液，尚未发现在叶背为害。细胞被破坏后，先是被害部位产生湿润状，继而变灰褐色，最后成为紫褐色。被害叶片光合作用降低甚至完全丧失，寿命缩短。由于叶面角质层未被破坏，叶面光泽不退，尤其是在冬季大量表现为害状时，常被误认为是季节性生理变化或因看不到虫体而认为由病害引起。

2. 防治方法

对密植的果园要舍得砍树，使果园种植密度合理，通风透光。对荫蔽的内膛枝、下垂枝或过密枝条要及时剪除。一旦发现有被害枝梢，应立即将其剪除并烧毁。药剂防治可用15%哒螨灵乳油1 500倍液、240克/升螺螨酯悬浮剂4 000~6 000倍液对受害植株进行喷雾。

(二) 龙眼白粉虱

1. 识别与诊断

若虫在叶片背面吸食汁液，造成叶片褪色、变黄、萎蔫，严重时整株枯死。同时它分泌的蜜露对叶片造成污染，滋生真菌，影响叶片光合作用。

2. 防治方法

(1) 清除前茬作物的残株和杂草。

(2) 黄板诱杀。

(3) 天敌防治。释放丽蚜小蜂成虫，可有效控制白粉虱为害。

(4) 药剂防治。在白粉虱发生期用12%噻嗪酮乳油1 000倍液，或用2.5%联苯菊酯乳油3 000倍液，或用2.5%高效氯氟氰菊酯乳油4 000倍液喷洒均有较好效果。采果前15天应停止用药。

(三) 龙眼荔枝蝽

1. 识别与诊断

成虫、若虫均刺吸嫩枝、花穗、幼果的汁液，导致落花落果。其分泌的臭液触及花蕊、嫩叶及幼果等可导致接触部位枯死，大发生时严重影响产量，甚至颗粒无收。

2. 防治方法

（1）防治适期。4 月上中旬荔枝蝽象进入交尾产卵高峰期，5 月将出现大量若虫，在 1~2 龄若虫盛发期是防治的关键时期。

（2）药剂防治。10%高效氯氰菊酯乳油 5 000倍液，2.5%溴氰菊酯乳油2 500倍液加 5%阿维菌素水剂 3 000倍液，4.5%高效氯氰菊酯乳油 2 000倍液喷雾。

(四) 龙眼小灰蝶

1. 识别与诊断

幼虫蛀害龙眼前期和中期果实，从果的中部或肩部蛀入，食害果核。

2. 防治方法

（1）药剂防治。同荔枝蛀蒂虫，重点抓好在早熟种第二次生理落果前喷药，避免繁殖扩散为害。

（2）人工捕杀。果园发现成虫活动，马上检查幼果，及时摘除虫害果，当老熟幼虫爬出，在裂缝化蛹时捕杀。

第十四章　枇杷栽培与绿色防控技术

第一节　栽植技术

一、栽植时间

在冬季较冷的地区，为避免冻害应在春季定植枇杷。南方大部分地区冬季温暖，在 9 月至翌年 3 月均可定植，但以 10—11 月为最好。

二、苗木处理

苗木栽植前一定要用多菌灵等杀菌剂浸泡 15~30 分钟，浸泡苗木至嫁接口 10 厘米以上，此为提高成活率的关键措施之一。打泥浆栽植。枇杷叶大蒸腾量大，栽时应剪去所有叶片的 1/2~2/3，嫩梢全部剪掉。每天叶面喷水 3~4 次。

三、栽植密度

对矮密果园可按株行距 1 米×3 米或 1. 5 米×2 米（亩栽 222 株）和 2 米×3 米（亩栽 111 株）几种方式栽植。

四、栽植方法

栽植时应将根系分布均匀，分层压入泥土以刚盖到根颈部为宜，并使根颈部分高于周围地面 10~20 厘米。然后在植株周围筑土埂，在土埂内浇灌定根水，每株浇水 20~25 千克，浇足浇透是提高苗木成活率的关键。待水透入土壤后再盖上一层细土，最后用薄膜覆盖树盘 1 平方米的范围，以保持土壤湿度和提高地温。栽后若长久干旱应继续浇水。

第二节　主要管理技术

一、土肥水管理

（一）土壤管理

宜采用果园间作农作物或深翻土壤、中耕除草、扩穴培土等方法来改善果园土壤理化结构。

（二）施肥管理

1. 幼年果树

一般要在各次新梢萌发前施一次促梢肥，隔半月后在新梢抽发时再施一次壮梢肥。幼树施肥要淡，以腐熟的人畜粪肥或速效氮肥为宜，做到勤施薄施。

2. 成年果树

成年结果树一般全年施 3~4 次肥。第一次在 1—2 月，谢花后到幼果生长期，以钾、磷肥和有机营养肥为主；第二次在 5—6 月，果实采收后施肥，主要是恢复树势、促使枝梢抽生，施肥量要多，占全年施肥量的 50%~60%；第三次在 9—10 月，开花前施用花前肥，以迟效肥为主，亩施三元复合肥（15%）30 千克与粪水 1 500千克。

（三）水分管理

1. 灌溉

枇杷坐果期在 8 月至翌年 3 月，从 11 月至翌年 5 月旱季中，需延续灌溉，成年树每隔 15 天浇水一次，每次用水 100 千克，灌溉于树盘内。采取滴灌、低喷灌也可以。全部旱季中每 1 株结果树需水约 1 000千克，每次灌溉后表土稍干时在树盘内盖干草或浅松土保墒。伏旱期也要灌溉。

2. 排水

枇杷既不耐旱又不耐涝，雨季排水极为重要，不论大树或小树，湿涝淹水容易死亡或诱发枝干糜烂病及白纹羽病，招致植株死亡。在雨季到来之前，平地果园要把深沟厢整理通畅，山地果园要开好背沟、沙凼，做到落大雨随落随排，保持地面干燥、下降地下水位、排出积水层。但是，最后的秋雨要保蓄，沟中分段筑小坝堵水即可起到蓄水的功能。

二、整形修剪

（一）常用树形

枇杷树的整形有很多种，如主干形、双层杯装形等，双层杯装形是用得最多的，具体为在定植后在距离地 50~60 厘米处进行修剪，将主干剪短到一定的长度，第二层的主枝不能和下层重叠，选择长势好的 3~4 个主枝进行重点培养即可。

（二）修剪

对幼年树（1~3 年生，整形期间），一般不剪，让其多发枝梢，除让主枝保持预定角度生长外，对其余枝梢均在 7 月新梢停止生长时对其扭梢、环割。将从中心干发出的非主枝拉平，促使早成花，对过密枝在第二、第三年适当疏除即可。

成年树主要在春季和夏季进行两次修剪，春季修剪在 2—3 月结合疏果进行，主要疏除衰弱枝、密生枝和徒长枝等，增加春梢发生量，避免大小年。夏季修剪在采果后进行，主要疏除密生枝、纤弱枝、病虫枝以利改善光照，对过高的植株回缩中心干，落头开心。并对部分外移的枝进行回缩，使行间保持 0.8~1 米的距离，株间不过分交叉，疏除果桩或结果枝的果轴，以促发夏梢，达到年年丰产。

三、花果管理

（一）促花措施

枇杷密植园在当年夏梢停止生长后，对树势较旺的尤其是抽出春夏二次梢的植株均应在 7—8 月采取措施促进花芽分化，使其在秋冬开花结果。主要方法如下。

（1）7 月上旬和 8 月上旬各喷 1 次 15%的多效唑。

（2）在 7 月初，夏梢停止生长时将枝梢拉平，扭梢、环割（割 3 圈，每圈相距 1 厘米）和环剥倒贴皮等。

（3）在 7—9 月注意排水工作、保持适当干旱。

（二）疏花疏果

枇杷春、夏梢都易成花，每个花穗一般有 60~100 朵花，而只有 5%的花形成产量，所以必须疏除过多的花，尤其是为了生产优质商品果，必须疏除相当部分花和幼果。疏花在 10 月下旬至 11 月进行，对花穗过多的树，应将部分花穗从基部疏除；中等树可将部分花穗疏除 1/2。总之，根据花量确定疏花的多少。适当疏花后，可使花穗得到充足的养分，增加对不良环境的抵抗力，提高坐果率。疏果则在 2—3 月春暖后进行为宜。疏除部分小果和病果，每穗按情况留 1~3 个果即可。

（三）保花保果

对部分坐果率低的品种和花量少的植株，以及冬季有冻害的地区，都应实行保花保果，多余的果则在 3 月中旬后疏除，以确保丰产。保花保果的主要方法如下。

（1）头年 11 月上旬（开花前）、12 月下旬（花后）和翌年

1月中旬各喷1次叶面肥。

（2）谢花期用10毫克/升的赤霉素叶面喷施可提高坐果率。

（3）花开2/3时用0.25%磷酸二氢钾（KH_2PO_4）加0.2%尿素和0.1%硼砂叶面喷施可提高坐果率。

（四）果实套袋

果实套袋可防止紫斑病、吸果夜蛾及鸟类为害，减少雨后太阳暴晒时造成的裂果。同时可避免药液喷洒在果面上，还可使果实着色好，外表美观，提高果品品质和商品价值。套袋时间以最后一次疏果后为宜，一般在3月下旬至4月上旬，套袋前必须喷一次广谱性杀虫杀菌剂的混合药液。所用套袋纸可用旧报纸和专门的果实袋。大型果可一果一袋，小果则一穗一袋。先从树顶开始套，然后向下，向外套。袋口用线扎紧，也可用订书机订好。

第三节　病虫害绿色防控技术

一、枇杷主要病害

（一）腐烂病

1. 识别与诊断

腐烂病主要出现在根颈主干的位置，侧枝患病较少。枇杷出现腐烂病的主要特征是枇杷树出现树皮开裂和流胶的情况，根颈主干发生软腐，腐烂病通常易出现在郁闭潮湿的枇杷园内，并且阳光暴晒的西面出现较多。

2. 防治方法

强化培育和肥水管理，增强树势，定期将树身的病斑去除，被刮的树皮就地焚烧，并涂加一定的药剂，促进伤口的生长恢复。

（二）叶斑病

1. 识别与诊断

叶斑病分为角斑病、斑点病和灰斑病，是枇杷的主要病害。叶斑病对枇杷的为害较大，对树势生长产生不利影响，甚至会导致枇杷树落叶、叶片僵化和早枯现象，造成枇杷生长缓慢、降低产量。

2. 防治方法

提高果园管理能力，增强树的抗病能力，增强树势生长。同时，在采果后萌芽初，可采用代森锰锌进行预防；孕蕾前，可以给予一定剂量的石硫合剂或甲基硫菌灵，增加抗病害能力和补充钙铜。

（三）叶尖焦枯病

1. 识别与诊断

这种病可能造成枇杷生长衰弱，不能结果。初时叶尖变黄，后向下扩展，最后呈黑褐色焦枯。病叶轻则 1 厘米左右长的叶尖焦死而变成畸形，重则 2~3 厘米病株叶片僵化，可能提早脱落，造成叶片细小的情况。

2. 防治方法

初发芽时进行疏芽工作，保留壮芽。夏季整枝时进行拉枝，使树冠高度不超过 2.5 米。秋季整枝时，为防止封行，将生枝条或枝组进行外移回缩。对果园内发生病虫害的果实和花穗进行清理，将枇杷树的老皮刮除，并进行焚烧或深埋。

（四）裂果病

1. 识别与诊断

在果实快速生长的时期，如果遇到干旱后突降大雨，会使果肉细胞迅速增大，造成外果皮开裂。

2. 防治方法

遇干旱及时灌水，雨季及时排出积水，使土壤水分保持相对均衡。在幼果迅速膨大期，勤施根外追肥，如喷0.2%的尿素、硼砂或磷酸二氢钾等。

二、枇杷主要虫害

（一）梨小食心虫

1. 识别与诊断

梨小食心虫主要为害果实。早期被为害的果实多不能正常成熟，后期被害果实内虫粪多，不能食用；枝干上幼虫蛀入表皮内，啃食皮层；苗木嫁接口愈伤组织也常被啃食，蛀断枯死。初龄幼虫乳白色，后淡红色，成熟幼虫头部黑褐色，一般4月上旬开始为害，直到10月上旬。

2. 防治方法

（1）在冬前深翻土壤，将树盘内10厘米深的表土埋入施肥沟30厘米以下，破坏梨小食心虫越冬场所，消灭土层越冬的幼虫。在春季越冬幼虫出土前清除杂草，整平土地，在树干周围培土厚度20厘米左右，使越冬幼虫窒息死亡。

（2）在蛀果幼虫脱果前，及时摘除虫果，带出果园外，集中深埋处理。

（3）可在果园内挂性诱剂器，将112毫克/条梨小性迷向素缓释管悬挂于树高2/3处，40~50条/亩。

（4）在越冬幼虫连续出土时，出现日突增或性诱剂诱到一只雄蛾时，立即开始地面施药。可用药剂有白僵菌粉剂3 000倍液，施药前整平地面，施药后及时锄入土中。

（二）枇杷黄毛虫

1. 识别与诊断

枇杷黄毛虫多为害嫩叶，严重削弱树势；一代幼虫也为害果实，啃食果皮，影响外观甚至失去食用价值。幼虫白天潜伏在老叶背面或树干上，早晚则爬到嫩叶表面为害，严重时新梢嫩叶全部被毁，影响树势。

2. 防治方法

可采用人工捕杀，消灭叶片主脉上和枝干凹陷处的越冬蛹，消灭嫩叶上的幼虫。各次新梢萌生初期，发现为害应及时喷80%敌敌畏乳油800~1 000倍液，也可使用苦参碱、印楝素或阿维菌素等。果实成熟采收期，禁用任何杀虫剂。

（三）枇杷天社蛾

1. 识别与诊断

别名舟形毛虫，是为害枇杷叶片的主要害虫，专食老熟叶片，啃食叶肉，剩下表皮或仅剩主脉。一年发生1代，以蛹在树干附近的土中越冬，7月羽化，在傍晚活动。产卵于叶背，10粒排成一块，8月下旬孵化，1~2龄幼虫群集为害，头向外整齐排列在一张或数张叶背上为害，被害叶呈纱网状，一树上发生的虫口极多，早晚取食，很快将整株树的叶吃尽，幼虫受惊时吐丝下垂，有假死现象。9—10月老熟幼虫入土越冬，幼虫初为黄褐色，后为紫褐色。

2. 防治方法

冬季中耕，挖除树干周围土中的蛹茧，8月下旬集中捕杀集群的低龄幼虫。若幼虫已散开取食，可用20%甲氰菊酯乳油30~35克/亩。也可使用苦参碱、印楝素或阿维菌素等。

第十五章　菠萝栽培与绿色防控技术

第一节　栽植技术

一、苗的准备和分级

发展菠萝商品性生产，用于种植的种苗有顶芽、托芽和吸芽三种。顶芽、托芽最好是采果时摘下的老熟芽，苗长 13 厘米以上；吸芽要用长势粗壮的，长约 33 厘米以上；地下芽较弱，尽量不用作种苗。顶芽、托芽、吸芽要分类、分区或分幅种植，同一类苗还要按苗的大小分级种，这样种后生长整齐一致，果园各项管理就更为方便。

二、种植密度

从我国当前的生产条件、菠萝生长特性和各地种植习惯以及经济效益来看，每亩栽植密度卡因种 3 000~4 000株，菲律宾种 4 000~5 000株比较可行。坡度超过 20°的山地，可以因地制宜。

三、种植季节

在我国，全年都可以种植菠萝，但以 3—9 月种植较好。10 月到翌年 2 月定植气温低，雨水少，土壤干旱，对植株发根不利，要到春暖后才能恢复生长。

四、种植方式

种植方式有双行式、三行式和四行式。双行式，常用的畦和沟共 150 厘米宽，双行单株排列。

五、种植方法

种植的深度：顶芽、托芽 2～3 厘米，吸芽 3～5 厘米，苗的生长点露在地面。

第二节　主要管理技术

一、土肥水管理

（一）土壤管理

定植后发现雨水冲刷植株根系裸露，应及时培土修复，在封行前结合施肥进行一次中耕除草（化学除草和人工除草相结合）培土。冬春气温较低时，可以使用黑色地膜覆盖进行栽培，或者也可以用蔗渣、干稻草等覆盖地表，这样做可确保土壤水分少蒸发，提高其湿度，还能降低地表温度，促进菠萝根系有效生长。

（二）施肥管理

坚持以有机肥为主，复合肥和微生物菌肥合理配合施用，可以根据土壤的营养状况调整元素供应，适当地补充硼、锌、镁等微量元素，以“前期勤施薄施、中期重施和后期补施”的原则进行科学合理有效的施肥。在定植过后，可进行多次追肥，最好选择在雨天，亩施尿素 20～30 千克、硫酸钾 10～20 千克，撒施于根际周围，或在穴施后再覆土效果更佳。

第二次追肥可在定植过后的 4 个月左右进行，亩撒施复合肥 75~85 千克，或者是穴施后覆土为好。

(三) 水分管理

菠萝苗的叶片较肥厚，抗旱性强。但是在苗期、花蕾抽生期、果实发育期和吸芽抽生期等时期，干旱天气要及时进行灌水浇水，田间土壤干旱达到 15 天时，要做好灌水防旱措施，以免造成菠萝苗枯死或生长缓慢等。灌水可以采用滴灌加覆盖地膜技术，效果很明显。干旱季节要注意，雨季也要做好各种清沟排水措施，创造菠萝适宜生长的环境。

二、除芽留芽管理

(一) 除冠芽

当冠芽高达 20 厘米左右，上部开张，基部变窄，叶基出现幼根时，可用手把冠芽按顺时针方向扭下作种苗用，果农称之为“打顶”。打顶一般在 5 月下旬至 6 月上旬进行。如要冠芽不留作种苗用，则可采用挖顶法或封顶法及早去掉冠芽，使果顶浑圆，提高单果重量。挖顶的方法是：在 4 月下旬至 5 月上旬盛花后，冠芽长至 3~5 厘米时，于晴天用厚铁片制成的形似指甲的锋利挖顶器，从冠芽第三层小叶处插入，将生长点连心部的小叶挖出。封顶法更是简单，当冠芽生长到 5~6 厘米高时，左手扶果，右手以大拇指将小冠芽推断即可。

(二) 除裔芽

不作为种苗用的裔芽，越早除去越好。裔芽多的要分 2~3 次摘除，以免伤口多而影响植株生长和果实发育。如要留作种苗用，每株至多也只能留下 2~3 个较为健壮的。

(三) 吸芽和蘖芽的选留

吸芽是次年的结果母株，每株可选留抽发早、生长势旺、着生位置较低的1~2个吸芽。多余的可用小锹铲出作种苗用。分苗一般在8月间进行。

蘖芽一般都除去，但缺乏吸芽或吸芽位升高时，可留1~2个替代母株延续结果。

第三节　病虫害绿色防控技术

一、菠萝主要病害

（一）黑腐病

1. 识别与诊断

黑腐病是一种由真菌引起的病害，病菌孢子在土壤或残株上越冬，主要为害果实，主要发生在熟果上，尤其在储运阶段。发病时通常外部特征不明显，发病时果实出现水渍状的病斑，随病情扩散至暗褐色的无规则大病斑，直至整个果实。将果实切开，会发现果实内部边缘出现水渍状软腐，而中心部位为黑褐色，病重时内部组织腐烂发黑。

2. 防治方法

在果实成熟后，采收要注意时间和方法，不要在雨天打顶及采收，以免病菌侵入；采收时要轻拿轻放，采收后要防止暴晒，采收工具要消毒，或者在果实裂缝处滴消毒液。

（二）心腐病

1. 识别与诊断

主要为害苗期，发病原因是堆放发热或积水过多，发病时幼苗萎蔫，到后期幼苗烂心死亡。

2. 防治方法

要避免幼苗长时期的堆放，特别是在运输和种植时，高温环境下使其散热不佳，导致幼苗损害；另外种植时浇水要适宜，以免浇水过多导致积水，使其得病，在阴雨天气要注意排水。

二、菠萝主要虫害

（一）菠萝粉蚧

1. 识别与诊断

菠萝粉蚧多聚集在菠萝的根、茎、叶和果实的间隙导致菠萝叶片枯萎，而菠萝粉蚧分泌的汁液则会导致菠萝植株病害的发生。

2. 防治方法

选择无虫植株、用10%吡虫啉可湿性粉剂1 000倍液浸泡种苗根部、植株根部放置生石灰以及运用杀虫剂等杀虫。

（二）中华蟋蟀

1. 识别与诊断

中华蟋蟀主要咬食菠萝的果实、根系和叶片，最终造成果实腐烂，根系和叶片损伤乃至植株枯萎。

2. 防治方法

用敌百虫晶体和翻炒过的米糠以及水混合均匀后作为饵料对其进行诱杀。

（三）蛴螬

1. 识别与诊断

蛴螬主要咬食菠萝植株的叶片和根茎部位，从而造成植株损伤乃至枯萎，该虫害主要暴发在5—7月。

2. 防治方法

在对菠萝植株进行施肥的时候，在肥料中拌入50%辛硫磷乳油毒杀蛴螬，用敌百虫对其进行毒杀或者在果园里边安置黑光灯对其进行诱杀。

第十六章　柿栽培与绿色防控技术

第一节　栽植技术

一、栽植密度

根据品种特性、土壤肥瘠和管理水平而定。一般山地比平地栽植密，瘠薄地比肥沃地栽植密，管理水平高的可以适当密植。栽植宜以南北成行，大行距，小株距。平地行距 7~8 米，株距 5~6 米；山地行距 5~7 米，株距 3~5 米。

二、栽植时间

春季和秋季均可栽植。春栽 3 月中旬至 4 月上旬；秋栽 10 月下旬至 11 月上旬。

三、栽植方法

按栽植点挖穴，长、宽、深规格为 60 厘米×60 厘米×60 厘米。栽前，先将苗根在流水中浸 6~12 小时，穴内施充分腐熟的农家肥 2~3 锨，与土拌匀。随即将苗木放入穴栽植，边填土边踏实，栽后灌水，并覆土或盖塑料膜，防止蒸发，以提高成活率。

第二节 主要管理技术

一、土肥水管理

(一) 土壤管理

柿树多栽植在山坡或荒滩，土壤瘠薄，理化性能差，保肥保水能力差，要做好水土保持工作，进行土壤深翻，扩大树盘，结合施用有机肥，改良土壤。

柿粮间作柿园，因行距大，间作物种类可不受限制，但靠近柿树的地方要栽植矮秆作物或豆科作物。成片栽植柿树在幼树期也应种植间作物。实行清耕管理的柿园或树盘，应注意中耕除草，秋季进行深耕。有条件的地方应推广覆草法、生草法和免耕法。

(二) 施肥管理

柿幼树主要施氮肥，以促进生长；成年树应氮、磷、钾配合，适当补充微量元素。施肥以少量多次为宜。生长后期注意钾肥的施入，磷肥适量即可。一般盛果期大树每公顷施纯氮、磷、钾分别为200千克、130千克和200千克。

基肥于秋季采果前（9月中下旬）施入。大树每株施有机肥100~200千克，加磷酸二铵0.5毫克、硫酸钾0.5毫克或氮磷钾复合肥。幼树每株施有机肥50~100千克，速效肥适量。

柿树追肥不宜早施。幼树土壤追肥在萌芽时进行。结果树在新梢停止生长后至开花前（5月上旬）进行第1次追肥，每株施尿素0.75~1千克；前期生理落果后，果实迅速生长期（7月上中旬）进行第2次，每株施尿素或氮磷钾复合肥0.75~1千克。

根外追肥在落果盛期开始（5月下旬或6月上旬），到果实迅速膨大期（8 月中旬），每隔半月进行 1 次，可喷尿素、过磷酸钙、氯化钾、硫酸钙及复合肥。

（三）水分管理

柿树喜湿润，土壤湿度变幅过大时生理落果严重。土壤湿度以田间持水量的 60%~80%为宜。一般情况下，萌芽前、开花前后、果实膨大期灌水，每次施肥后灌水，土壤上冻前浇封冻水。

二、整形修剪技术

（一）常见树形

柿树干性强，顶端优势明显，分枝少，树姿直立的品种，可用疏散分层形；干性弱，顶端优势不明显，分枝多，树姿较开张的品种，宜用自然圆头形；成片栽植，密度较大的品种，可用纺锤形。

（二）不同时期的修剪

1. 休眠期修剪

栽后按树形结构要求适时定干，选好主枝。休眠期主枝和侧枝延长枝轻短截或缓放，中心干延长枝适当重短截，剪留长度约 80 厘米。注意调整骨干枝角度、长势和平衡关系，衰弱时及时更新复壮。

结果枝组的培养以先放后缩为主。徒长枝可以拿枝后缓放，也可以先截后放培养枝组。枝组修剪要有缩有放，对过高、过长的老枝组，要及时回缩；短而细弱的枝组，应先放后缩，增加枝量，促其复壮。

生长健壮的结果母枝一般不进行短截。强壮的结果母枝，混合花芽比较多，可剪去顶端 1~3 个芽。结果母枝过密时，则去弱留壮，保持一定的距离；多余的结果母枝也可剪去顶端 3~4 个芽，使下部叶芽或副芽萌发预备枝；生长较弱的结果母枝自充实饱满的侧芽上方剪去，促发新枝恢复结果能力，若没有侧芽，也可从基部短截，留 1~2 厘米的残桩，让副芽萌发成枝。

结果枝结果后没有形成花芽的，可留基部潜伏芽短截，或缩剪到下部分枝处，使下部形成结果枝组。徒长枝可从基部疏去，当出现较大的空隙时，也可短截补空。

2. 生长期修剪

幼树骨干枝延长枝生长至 50 厘米左右进行摘心，促进分枝，并捋枝、拉枝、开张主枝角度。骨干枝上的新梢长至 30~40 厘米进行反复摘心，培养结果枝组。强枝摘心后，发出的二次枝仍可形成花芽；弱枝摘心后，顶端容易形成花芽；徒长枝一般留 20 厘米摘心。开花前后环剥可促进分化花芽，成年树开花前后环剥可减少落花落果。环剥部位一般在大枝基部或主干中下部。

三、花果管理

(一) 保花保果

除加强综合管理外，单性结实差的品种，须配置授粉树或进行人工授粉，甜柿一般应进行授粉；花即将开放时喷 0.3%赤霉素，可提高坐果率。盛花期环剥可防止生理落果，环剥时间在半数花开放时，环剥宽度一般为 0.5 厘米左右，在主干、主枝和结果枝组上进行皆可。幼树期喷 0.3%~0.5%的尿素，对结果过多的树进行疏果，对肥水不足的树在花前施氮肥，皆可减少落果。

(二) 疏花疏果

健壮的幼树，当开花过多时，将部分结果枝的花蕾或幼果全疏除，留作预备枝。在这些结果枝上，当年便能分化良好的花芽。可在开花前 2 周进行疏蕾，每结果枝一般留 1 个花蕾，新梢叶片在 5 片以下的不留花蕾，壮结果枝留 2 个花蕾。留结果枝中部的大花蕾。根据品种落花落果特点多留 10%~30%。花后 35~

45 天早期生理落果后进行疏果，疏除病虫害果、伤果、畸形果、迟花果及易日灼的果。留果的原则是 1 枝 1 果，或 15~18 片叶留 1 果。

第三节　病虫害绿色防控技术

一、柿主要病害

（一）柿角斑病

1. 识别与诊断

柿角斑病为害柿叶及柿果蒂部。叶片受害初期，在叶面产生不规则的黄绿色病斑，斑内叶脉变黑，病斑颜色加深后变为灰褐色的多角形病斑，边缘黑色与健部分开，病斑大小为 2~8 毫米，上面密生黑色绒状小粒点，为病菌的分生孢子座。病斑背面开始时淡黄色，最后也变为褐色或深褐色，也有黑色绒状小点，但较正面的小。

柿蒂染病时，病斑多发生在蒂的四角，褐色至深褐色，形状不定，由蒂的尖端向内扩展，病斑 5~9 毫米，正反两面都可产生黑色绒状小粒点，但以背面为最多。

角斑病发生严重时，采收前一个月即可大量落叶。落叶后，柿果变软，相继脱落。落果时，病蒂大多残留在树上。

2. 防治方法

秋后扫净落叶、落果，并摘净挂在树上的病蒂，消除菌源。加强栽培管理，改良土壤，增施肥水，增强树势，提高抗病能力。6 月中下旬至 7 月下旬，即落花后 20~30 天，喷 1：（3~5）：（300~600）波尔多液 1~2 次。喷药时要求均匀周到，叶背及内膛叶片一定要着药。君迁子的蒂特别多，为避免侵染柿树，应尽量避免在柿林中混栽君迁子。

（二）柿圆斑病

1. 识别与诊断

柿圆斑病主要为害叶片，也能为害柿蒂。叶片受侵染后产生圆形浅褐色病斑，以后转为深褐色病斑，中央淡褐色，周缘黑色。病叶逐渐变红，在病斑周围发生黄绿色晕圈，病斑直径一般为2~3毫米，个别在1毫米以下或5毫米以上，后期病斑背面出现黑色小粒点，为病菌的子囊壳。每片叶病斑有100~200个，多时达500个。发病严重时，从出现病斑到叶片变红脱落只需5~7天，落叶后柿果也逐渐变红变软，相继大量脱落。

柿蒂上病斑近圆形，褐色，直径较小，发生较晚。

2. 防治方法

秋末冬初扫净落叶，集中烧毁，消除菌源。6月上中旬（柿树落花后），喷1：5：（300~600）波尔多液，一般年份1次即可，病重年份、地区半月后再喷一次。药剂还可用60%唑醚·代森锌水分散粒剂1 000~2 000倍液喷雾。

二、柿主要虫害

（一）介壳虫

1. 识别与诊断

介壳虫以若虫和雌成虫固着在枝、干、叶的背面及叶柄和果实表面刺吸汁液，使受害枝条发芽力弱，发芽偏迟；果树营养生长变弱，达不到丰产性状；叶片干枯、畸形，影响光合作用；果实小而畸形，严重的造成落果；同时还会引发柿煤烟病，使受害柿树树势衰弱，产量大幅度降低，给果农造成严重损失。

2. 防治方法

（1）农业防治。一是冬季清园。可在冬季柿果采收后，结合修剪、施肥，清除柿园及周边杂草、落叶、落果，特别是多年生杂草，剪除受害枝条，连同其他废弃物集中烧毁或深埋，使越冬若虫和成虫大量减少。二是刷擦若虫，在盛发期，根据介壳虫成片发生的特性，可用人工刷擦受害枝条，减少虫口密度，控制为害。

（2）生物防治。在介壳虫发生初期施用白僵菌对介壳虫为害的控制作用非常明显，即 6 月下旬用白僵菌粉剂喷施于果树上，可有效防止介壳虫的大发生。

（3）药剂防治。根据介壳虫的生育特性，在采取农业措施无法有效控制该虫为害的情况下，应适时进行药剂防治。0.3 波美度的石硫合剂、65%噻嗪酮可湿性粉剂 2 000～3 000 倍液、25%噻嗪酮悬浮剂 1 500～2 000 倍液或 12.5%氰戊·喹硫磷乳油 750～1 000 倍液，以上药剂任选 1 种喷雾，严重受害的果树 7 天后再喷 1 次。施药时应用高压喷雾器，严格控制药液浓度，药液应均匀喷布果树全部枝条和叶片背面，确保用药防治效果。

（二）柿蒂虫

1. 识别与诊断

以幼虫蛀食柿果，多从果柄蛀入幼果内食害，虫粪排于蛀孔外。前期被害果幼虫吐丝缠绕果柄，幼果由青色变灰白色，进而变黑干枯，但不脱落；后期幼虫在果蒂下蛀食，蛀处常以丝缀结虫粪，被害果提前发黄变红，逐渐变软脱落。故称“柿烘”“黄脸柿”。

2. 防治方法

（1）刮树皮。冬季刮除树枝干上的老粗皮，集中烧毁。

（2）摘除虫果。生长季及时检查树体，摘除虫果，并将柿蒂摘下，集中处理，可以减轻第二代的为害。

（3）树干绑草。8 月中旬以前，在刮过粗皮的树干及枝干上绑草诱集越冬幼虫，冬季将草解下烧毁。

(4) 喷药。5月中旬及7月中旬，成虫盛发期喷50%敌敌畏乳油1 000倍液。

(三) 柿星尺蠖

1. 识别与诊断

初孵化的幼虫食叶背面的叶肉，并不把叶吃透。幼虫老熟前食量大增，不分昼夜为害，严重时将柿叶全部吃光。

2. 防治方法

晚秋或早春在树下或堰根等处刨蛹。幼虫发生时，用猛力摇树或敲树振虫的方法扑杀幼虫。幼虫发生初期，喷洒4.5%高效氯氰菊酯乳油1 000~1 500倍液、200克/升氯虫苯甲酰胺悬浮剂3 000~4 000倍液、1.3%苦参碱水剂1 000~2 000倍液、1.8%阿维菌素2 000~3 000倍液或25%灭幼脲悬浮剂1 500~2 500倍液。

参考文献

陈勇，贾陟，徐卫红，2016. 果树规模生产与病虫害防治[M]. 北京：中国农业科学技术出版社.

高文胜，王志刚，郝玉金，2015. 苹果现代栽培关键技术[M]. 北京：化学工业出版社.

蒋锦标，卜庆雁，2011. 果树生产技术（北方本）[M]. 北京：中国农业大学出版社.

李克军，2011. 苹果生产技术[M]. 石家庄：河北科学技术出版社.

王转莉，2014. 果树生产技术基础理论[M]. 银川：宁夏人民出版社.

杨建华，2019. 枣树实用丰产栽培技术[M]. 北京：化学工业出版社.

张洪胜，2012. 现代大樱桃栽培[M]. 北京：中国农业出版社.

张晓翰，2011. 现代梨生产实用技术[M]. 北京：中国农业科学技术出版社.

张义勇，2007. 果树栽培技术（北方本）[M]. 北京：北京大学出版社.